分布式光纤振动传感器检测技术及应用

许海燕 著

電子工業出版社·
Publishing House of Electronics Industry
北京 · BEIJING

图书在版编目（CIP）数据

分布式光纤振动传感器检测技术及应用 / 许海燕著.
北京 ： 电子工业出版社，2024. 7. -- ISBN 978-7-121
-48084-3

Ⅰ. TP212.4

中国国家版本馆 CIP 数据核字第 20242MH689 号

责任编辑：李　敏
印　　刷：中煤（北京）印务有限公司
装　　订：中煤（北京）印务有限公司
出版发行：电子工业出版社
　　　　　北京市海淀区万寿路 173 信箱　邮编：100036
开　　本：720×1000　1/16　印张：12.75　字数：238 千字
版　　次：2024 年 7 月第 1 版
印　　次：2024 年 7 月第 1 次印刷
定　　价：99.00 元

凡所购买电子工业出版社图书有缺损问题，请向购买书店调换。若书店售缺，请与本社
发行部联系，联系及邮购电话：(010) 88254888，88258888。

质量投诉请发邮件至 zlts@phei.com.cn，盗版侵权举报请发邮件至 dbqq@phei.com.cn。

本书咨询联系方式：(010) 88254753 或 limin@phei.com.cn。

前　言

非法入侵和破坏性行为会对军事基地、通信电缆、输油气管道及周界安防等基础设备、设施的安全造成严重威胁。针对各种危及电缆、管道安全及安防系统的非法入侵和破坏性行为，及时、准确、有效地对其进行识别具有重要的研究价值和现实意义。分布式光纤传感器检测技术将光纤作为信号的传输介质和传感单元，通过检测光纤中光信号的强度、相位、偏振态等参量在外场作用下的变化，实现对光纤沿线外部参量的连续分布式测量。分布式光纤传感器检测技术具有抗电磁干扰能力强、灵敏度高、动态范围大、便于快速捕捉和高精度测量动态变化的信息等技术优点，日益成为非法入侵和破坏性行为检测的主流技术。

分布式光纤传感器的工作原理包含感知和定位两个方面。在感知机制方面，分布式光纤传感器利用光纤中的背向散射及其干涉特性实现对各种被测量的传感；在定位方法方面，分布式光纤传感器基于各种分布式光反射计的架构实现定位测量。以上这些不同的感知机制和相应的信号解调方法与各种定位方法相互组合，发展出了多种形式的分布式光纤传感器技术方案。本书主要对干涉型分布式光纤传感器的定位技术和识别原理进行了研究，内容组织如下。

第1章是绪论，简要介绍了光纤传感器的发展和分类。本章对分布式光纤传感器的基本原理进行了详细的阐述，并对各种类型的干涉型分布式光纤传感系统的定位技术进行了分析和说明。

第2~4章对分布式光纤传感器的定位技术进行了详细论述。针对光纤定位系统存在的问题，分别在频域和时域内提出了两种新的基于光纤干涉原理的分布式光纤传感器。基于波分复用的分布式光纤传感器，在干涉结构中使用波分复用技术，使得同一扰动获得两路不同的干涉信号，通过比较两路相位信号的频谱特性，确定扰动发生的位置。该技术不仅消除了扰动信号幅度变化对检测的影响，而且可利用多个频率点获得的位置进行平均，具有较高的定位精度。基于时延估计的分布式光纤振动传感系统，在时域内实现了对振动信号的定位。利用分布式光纤传感器检测振动信号，采用自适应时延估计方法在时域内直接对检测到的信号进行扰动定位，可对光纤沿线发生的外部事件进行预警。该方法简单易实现，具有较高的检测灵敏度和定位精度。另外，为了证明前述分布式光纤传感器/系统定位原理及相关技术的正确性和可行性，本书对定位试验系统进行研究，分别阐述了基于波分复用和时延估计的分布式光纤传感器/系统定位试验方案，并对试验结果进行了分析说明。

第5~8章对分布式光纤传感器的识别原理进行了详细阐述。首先介绍了与分布式光纤传感系统相关的信号处理方法，对端点检测、去噪分析、相位还原及频谱分析进行了研究，详细说明了基于经验模态分解的光纤振动信号特征提取方法，并对小样本和大样本两种情况下的光纤传感信号识别分别进行了研究。针对小样本数据场景，本书提出了基于多维特征的光纤振动信号识别，采用基于 Mel 频率倒谱系数和基于注意力机制的显著性特征提取方法，并研究了将光纤振动信号的时域显著性特征和 Mel 频率倒谱系数联合送入卷积神经网络的算法，以提高多维特征光纤振动信号识别的准确性。在大样本情况下，数据量和数据特征更丰富，为了保证在大样本数据场景下系统的识别性能、实时性能和计算性能，同时解决光纤振动信号易淹没在长时间、大量的测量数据中的问题，第8章建立了具有较高泛化能力、较强普适性、较高识别精度的光纤振动信号分类识别模型，采用对时序性数据处理具有较好效果的 BiLSTM 网络模型作为研究对象，分析了 BiLSTM 网络模型在特征提取深度和复杂程度等方面的不足，并引入自注意力机制对其进行优化，提高了分类识别的准确性。

本书内容主要来源于作者十几年的工作积累。特别感谢复旦大学光纤研究中心的贾波教授，作者有幸于 2008—2011 年在贾波教授的指导下开展了光纤传感器的理论及应用研究工作。同时，感谢复旦大学光纤研究中心的肖倩、吴红艳、徐锲、王超教授，本书前 4 章的相关试验就是在复旦大学完成的，在他们的细心指导与帮助下，这些工作才得以完成。另外，硕士研究生寇庆康、单洪颖、冯心雨等也为本书作出了贡献，在此表示衷心感谢。

由于作者水平有限，书中难免存在疏漏和不妥之处，敬请读者批评指正。

作者

2024 年 6 月

目　录

绪　论

第 1 章

1.1　光纤传感器简介

1.1.1　光纤传感器的历史

光纤，即光导纤维，它是一种用硅或者塑料制成的，具有可弯折性且透明的纤维。通过全反射的原理，光可以在这种纤维内传导。通过光的折射而控制光导向的概念早在 1840 年就由 Daniel Colladon 和 Jacques Babinet 两人提出了。12 年之后，通过自然白光在水与空气的界面上发生散射的研究，John Tyndall 在伦敦的公共课程中公开演示了光沿着弯曲水柱传播的试验，这个试验开创了光定向传导的先河。此后，有关光信号在介质中定向传播的应用一直受制于传导过程中损耗高这个缺陷。直到 1965 年，经过不断的试验，英国标准电信实验室（STC）的 Charles K. Kao（高锟）和 George A. Hockham 提出了可以将光纤中光的传输损耗降低到 20dB/km 的论断。两人的理论预言了光纤在信息通信方面的应用。此后，随着光传播的损耗问题的解决，光纤在各种技术应用领域不断拓展，技术的不断发展和进步让光纤研究持续从实验室的研究项目走向产业化、商品化，由此催生出了庞大的光纤技术产业[1-3]。

光纤因其传输损耗小、保密性能高、传输带宽大的优点起初被大量应用在信息通信领域。光纤本身所具有的很多特点也让它成为制备传感器非常理想的材料。在光纤传感器中，外界信号感知及信号传导的工具都可以是光纤，相对传统的传感器，光纤传感器的结构更为简单。光纤作为光纤传感器的感应承受体，可以感应温度、位移、电场、应力等量的变化，这些量的变化会引起光纤内部结构的某些微观或介观结构的变化，在其中传输的光信号也会因为这些微小的变化而发生相应的变化。因而，通过比较原来的光信号和变化后的光信号之间的差别，从理论上来说就可以分析出外界情况的变化。

光纤传感器技术研究最早开始于 1977 年，美国海军研究所开始执行由查尔斯·M．戴维斯主持的 Foss（光纤传感器系统）计划。早期的光纤传感器存在价格昂贵、技术不够成熟等问题，在工程上并没有得到广泛的应用。光纤传感器具有极高的灵敏度和精度[4]、良好的抗电磁干扰能力、高绝缘强度，以及耐高温、耐腐蚀、轻质、柔韧等优点。随着光纤传感技术的发展和工艺水平的提高，光纤传感器的应用得到了大力推广，很多国家加大了对光纤传感器的研究力度。近年来，光纤传感器在军事和民用领域的应用进展都十分迅速，例如，运用光纤传感器监测电力系统的电流、电压、温度等重要参数[5]，利用光纤传感器监测桥梁[6]和重要建筑物[7]的应力变化，等等。目前，桥梁、大坝等施工项目已经开始广泛应用光纤传感器，相关技术也逐渐成熟[8-10]。日本和西欧各国也高度重视光纤传感器的研究，并投入大量经费开展光纤传感器的研究和开发。日本在 20 世纪 80 年代便制定了"光控系统应用计划"，旨在将光纤传感器应用于大型电厂，以实现在强电磁干扰、易燃易爆等恶劣环境下的信息测量、传输和生产过程控制。20 世纪 90 年代，日本东芝、日本电气等 15 家公司和研究机构研究开发了 12 种一流水平的民用光纤传感器。西欧各国的大型企业也积极参与了光纤传感器的研发和市场竞争，其中包括英国标准电讯研究所、法国汤姆逊公司、德国西门子公司等。我国在 20 世纪 70 年代末就开始了光纤传感器的研究，起步时间与国际相差不远，但我国的研究水平与发达国家相比还有不小的差距，主要表现在商品化和产业化方面，大多数产品仍处于实验室研制阶段，不能投入批量生产和工程化应用[11-14]。

1.1.2　光纤传感器的优点

和以应变–电量为基础、以电信号的转化及传输为载体的传统传感器相比，光纤传感器最本质的特征在于以光为信息传输的载体。和以电信号为传输载体的传感器相比，光纤传感器具有以下优势[15]。

（1）高灵敏度和分辨率：目前应用的 Mach-Zehnder 光纤干涉仪能检测 $0.1\mu rad$ 的相位差，若光源的波长为 $1\mu m$，则相当于 $10\sim14m$ 的光程差，即采用干涉型光纤传感器可以测量非常小的物理量。

（2）良好的安全性：光纤本身是无源器件，对被测对象不会产生影响。

（3）可操纵性好：体积小，质量小，可以做成任意的形状和传感器阵列。

（4）抗电磁干扰：传输载体是光，频率的数量级为 $10^{14}Hz$，传感器的频带范围很宽、动态范围很大且不受电磁干扰，保证了在光纤内传递的信息不会在电磁环境下失真。

（5）化学稳定：以石英玻璃为材料，具有耐高压、耐腐蚀的优点，能够适应各种恶劣的环境，并且设备的使用寿命比传统的传感器要长。

1.1.3　光纤传感器的分类

根据依据标准的不同，光纤传感器的分类方法有很多种，一般有两种分类方法：按照光纤在传感器中的作用分类，按照信号在光纤中调制的原理分类[16]。

按照光纤在传感器中的作用不同，光纤传感器可以分为传光型光纤传感器（也称为非功能型光纤传感器）和传感型光纤传感器（也称为功能型光纤传感器）两大类。

在传光型光纤传感器（见图 1.1）中，光纤仅作为光的传播媒质，光纤仅起传输光信号的光学通路的作用，所以传光型光纤传感器又称为结构型光纤传感器或非功能型光纤传感器。光纤是不连续的，被测参数均在光纤之外，由外置敏感元件调制到光信号中去。传光型光纤传感器的结构比较简单，并且能够充分利用光电元件和光纤本身的特点，应用范围比较广；它的缺点是灵敏度比传感型光纤传感器低，测量精度也较差。

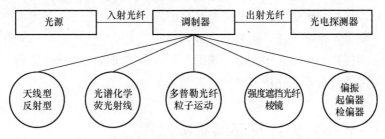

图 1.1　传光型光纤传感器

在传感型光纤传感器（见图 1.2；又称为功能型光纤传感器、物性型光纤传感器）中，光纤兼具对信号的敏感及传输的作用，将信号的"感"和"传"合二为一，主要适用于单模光纤。在传感型光纤传感器中，光纤是连续的，其不仅起到传输光的作用，而且起到测量的作用。传感型光纤传感器利用光纤本身的传输特性，即利用被测物理量发生变化，会使光纤中传播的光的属性（如光强、相位、偏振态等）发生变化的特点制成。传感型光纤传感器性能好，但是结构复杂，调整也比较难。光纤振动传感器就属于传感型光纤传感器。

按照信号在光纤中调制的原理不同，光纤传感器可以分为强度调制型光纤传感器、相位调制型光纤传感器、偏振态调制型光纤传感器、频率调制型光纤传感器、波长调制型光纤传感器等。

按照光纤传感器的功能不同，光纤传感器可以分为光纤温度传感器、光纤位移传感器、光纤应变传感器等，其分别可以感知外界的温度、位移、应变的大小。如果外界物理量的变化为振动信号，则传感器中光纤作为感应承受体发生内部应变，从而使光信号的强度或相位发生变化，因此起到了传感器的作用。本书将这类光纤传感器统称为光纤振动传感器。测量外界应变、振动的光纤传感器都可以归类为光纤振动传感器。

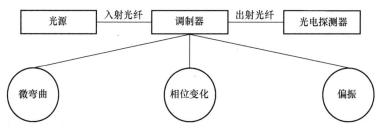

图 1.2　传感型光纤传感器

另外，如果光纤传感器中整段光纤作为感应外界信号的载体，则这类光纤传感器被称为分布式光纤传感器。其原理是：利用光纤几何方面的一维特性进行测量，将被测量作为光纤长度的函数，在整个光纤上对沿光纤几何路径分布的外部物理量实现连续测量。如果光纤传感器中只有部分光纤（通常进行了部分改造，如引入光纤光栅）作为感应载体，则这类光纤传感器被称为点光纤传感器。要感应整个光纤分布线上的情况，就要利用布设点光纤传感器的方法。本书主要讨论分布式光纤传感器。

1.2　分布式光纤传感器基本原理

1.2.1　分布式光纤传感器的概念

分布式光纤传感测量是利用光纤的一维空间连续特性进行测量的技术。光纤既作为传感元件，又作为传输元件，可以在整个光纤上对沿光纤几何路径分布的环境参数进行连续测量，同时获得被测参数的空间分布状态及随时间变化的信息。

分布式光纤传感器中的传感元件仅为光纤，光纤传感器采用光信号作为载体，光纤的纤芯材料为二氧化硅。分布式光纤传感器具有抗电磁干扰、防雷击、防水、防潮、耐高温、抗腐蚀等特点，适用于水下、潮湿、有电磁干扰等条件比较恶劣的环境。另外，与金属传感器相比，分布式光纤传感器具有更强的耐久性。分布式光纤传感器最显著的优点就是，可以准确地测出光纤沿线任意点的应力、温度、振动和损伤等信息，而无须构成回路。分布式光纤传感器的空间分辨率一般为米量级，因而一般只能测量被测参数在更窄范围的变化的平均值；其测量精度与空间分辨率一般存在相互制约的关系。分布式光纤传感器的测量信号一般较微弱，因而要求信号处理系统具有较高的信噪比。

1.2.2　基于光时域反射的分布式光纤传感

光时域反射（Optical Time-Domain Reflectometer，OTDR）是实现分布式光纤传感的关键技术。OTDR 最初用于评价光学通信领域中光纤、光缆和耦合器的性能，是检验光纤损耗特性、光纤故障的手段。其工作机理是，脉冲激光器向被测光纤发射光脉冲，该光脉冲通过光纤时由于光纤折射率的微观不均匀性，以及光纤微观特性的变化，有一部分光会偏离原来的传播方向向空间散射，在光纤中形成后向散射光和前向散射光。其中，后向散射光向后传播至光纤的始端，经定向耦合器送至光电检测系统。由于每个向后传播的散射光对应光纤总线上的一个测量点，因此散射光的时延就反映了测量点在光纤总线上的位置。

OTDR 一般用来测量光纤的长度和确定光纤的断点。当用于定位时，将传感光纤布置在被监测区域的上方沿线，如图 1.3 所示。当一些严重的破坏行为发生在传感光纤上时，传感光纤发生大的弯曲或断裂，后向散射光将在该处发生散射或端面反射，OTDR 测得这些强度突变，就可以探测和定位施加在传感光纤上的破坏行为。然而，背向散射光的强度非常微弱，只有当传感光纤发生大的弯曲或断裂时，使用 OTDR 才会有比较好的效果。由于 OTDR 的探测灵敏度很低，在静态测量通信光纤时，为提高灵敏度通常需要进行上万次的采集和平均，而破坏行为是一个时变过程，因此不能采用平均的方法。因而，OTDR 只能进行静态监测或参数变化很少的监控，系统应用范围狭窄，缺乏实用性。而对于干线安全监测系统来说，其必须获得实时的、半静态的或动态的监测信息及其发生的位置，特别是 OTDR 无法检测的瞬间事件。Z. Zhang 等提出了一种基于谱分析的偏振OTDR 系统，此系统虽然结构简单，但需要很复杂的信号处理算法[17]。

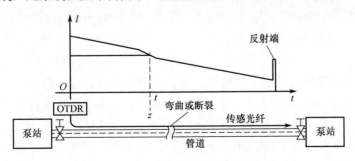

图 1.3　OTDR 用于泄露探测的示意图

1.2.3 基于干涉技术的分布式光纤传感

干涉型分布式光纤传感器相对于基于光时域反射的分布式光纤传感器的优点是动态范围大、灵敏度高，可以实现任意信号的检测[18,19]。

干涉型分布式光纤传感器利用光纤受到所监测物理场感应，如温度、旋转、压力或振动等，使导光相位产生延迟，经由相位的改变使输出光的强度改变，进而得知待测物理场的变化。将光纤干涉技术和光纤分布式传感技术结合而形成的干涉型分布式光纤测量系统是信号探测和定位的最理想手段之一。将干涉仪的高灵敏探测特性与分布式光纤传感技术的高精度定位特性有机结合，是推进干涉型分布式光纤测量系统实用化的关键。

干涉型分布式光纤传感器基于相位感测原理，其高灵敏度的探测特性已被大家所公认[20]，因此高精度的定位技术研究是干涉型分布式光纤传感器研究的重点，一直阻碍其发展的也是如何实现高精度定位。导致定位精度不高的原因很多，有传感系统结构本身的原因，也有光传输过程被其他因素干扰的原因，还有后期处理的原因。因此，在充分利用干涉型分布式光纤传感系统高灵敏探测特性的基础上，开展干涉型分布式光纤传感系统的定位技术研究具有非常重要的现实意义。本书研究的基于干涉原理的分布式光纤传感系统就着重于提高系统的定位精度。

1.3 干涉型分布式光纤传感系统定位技术

1.3.1 基于 Sagnac 干涉原理的定位技术

20 世纪 90 年代，Udd、Kurmer 等在光纤陀螺仪的基础上，提出了基于 Sagnac 干涉原理的分布式光纤检测方法。如图 1.4 所示，这种分布式光纤干涉仪主要是一个以 2×2 光纤耦合器为核心构成的 Sagnac 环，由于顺时针和逆时针传播的光经过传感臂扰动作用点的时间不同，因此会形成相位差，在耦合器内发生干涉，通过解调干涉信号就可以得到扰动信号。由于 Sagnac 干涉仪实现了真正的零光程差，因而不存在由于传感臂长度不一致引起的噪声问题，对光源的相干性要求较低。通过使用高功率的宽光谱光源，可以进行长距离的扰动检测[21-23]。下面具体分析这种方法的基本结构和定位原理，并对其进行讨论。

光源发出的低相干宽带光经环形器传输到耦合器中，在耦合器中被分成顺时针和逆时针传播的两束光 CW 和 CCW。当有扰动信号作用在传感光纤上（除光纤环路中点的位置）时，由于光弹效应，外界扰动信号将使光纤中传输的光波发生相位变化。当外界扰动信号为时变信号时，两束光经过扰动点的时间不同，因而产生的相位变化也不同。其中，CW 先经历传感光纤，并依次经过扰动点和光纤环路中点 M，经时延线圈后到达耦合器；CCW 则先经过时延线圈，然后经传感光纤和扰动点回到耦合器。这两束光经历的光程相同，在耦合器内发生干涉，干涉光中携带了扰动事件性质和位置的信息。在亮端口获得的光功率可表示为

$$P = \frac{P_0}{2}(1+\cos\phi) \tag{1.1}$$

式中，P_0 为耦合器的初始功率，ϕ 为两束光产生的相位差。

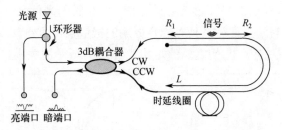

图 1.4　基于 Sagnac 干涉原理的分布式光纤传感结构

设扰动信号引起的光纤长度的变化远小于干涉仪的长度，则有

$$\phi = \Delta\phi + \varphi(t-\tau_1) - \varphi(t-\tau_2) \tag{1.2}$$

式中，φ 为光波经过扰动点时产生的相移，$\tau_1 = nR_1/c$，$\tau_2 = nR_2/c$。

$$R_1 + R_2 = L \tag{1.3}$$

$\Delta\phi$ 表示由系统引起的非互易相移。将式（1.2）代入式（1.1）可得

$$P(t) = \frac{P_0}{2}\{1+\cos[\Delta\phi + \varphi(t-\tau_1) - \varphi(t-\tau_2)]\} \tag{1.4}$$

作用在传感光纤上的扰动信号可表示为 $\varphi(t) = \varphi_0 \sin(\omega_s t)$，设 φ_0 很小。通常，$\Delta\phi = \pi/2$，称为直流偏置，在此偏置处光电流和检测相位变化斜率最大，因而检测灵敏度最高。功率的交流成分为

$$P^{\text{ac}}(t) \approx -P_0\varphi_0 \sin\frac{\omega_s\Delta\tau}{2}\cos\left(\omega_s t - \frac{\omega_s\tau}{2}\right) \tag{1.5}$$

式中，$\tau = \tau_1 + \tau_2$，$\Delta\tau = \tau_1 - \tau_2$，其幅值为

$$P_{\omega_s} = P_0\varphi_0 \sin\frac{\omega_s\Delta\tau}{2} \tag{1.6}$$

当 $\frac{\omega_s\Delta\tau}{2} = 0, \pi, \cdots, N\pi$ 时，对应的频率（零点频率）幅值为 0。此时，零点频率和扰动点的位置信息 R_1 有关。

根据

$$f_{s,\text{null}} = \frac{\omega_{s,\text{null}}}{2\pi} = \frac{Nc}{n(L-2R_1)} \tag{1.7}$$

有

$$R_1 = \frac{L - \dfrac{Nc}{nf_{s,\text{null}}}}{2} \tag{1.8}$$

当将扰动信号视为理想的白噪声时，相应的傅里叶变换为绝对的正弦函数，由式（1.7）定义的零点频率和扰动点的位置关系如图1.5所示。因此，定位原理是，通过分析 Sagnac 环干涉光强的频谱（对接收的光信号进行快速傅里叶变换），发现频率响应呈现一系列有固定周期的极值点（零点频率），其由扰动点在光纤上的位置决定，它们之间满足如式（1.8）所示的关系。

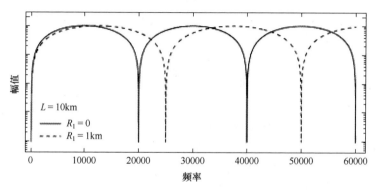

图 1.5   不同位置的白噪声扰动源获得的干涉信号的傅里叶变换

1.3.2   基于双波长 Sagnac 干涉原理的定位技术

基于 Sagnac 干涉原理的定位技术受零点频率的限制，只适用于检测特定的扰动信号，但其为我们提供了一种利用 Sagnac 干涉原理测量非互易相位的方法。从前面的分析可知，Sagnac 干涉仪的解调信号中同时包含两个未知变量：扰动信号信息，扰动信号的作用位置信息。通过分离这两个变量，我们就可以实现定位。

依据这种思想，英国科学家 Stephanus J. Spammer 等于 1997 年提出了基于双波长 Sagnac 干涉原理的定位技术，其系统结构如图1.6所示。

该系统具有两个独立的 Sagnac 干涉仪，他们分别使用两个波长的光源，利用波分复用器件使这两个波长的光源反射的光分别通过两条光路。

在波长 λ_1 构成的 Sagnac 干涉仪的解调相位信号中，同时包含位置信息 z 和由振动引起的光相位变化 $\varphi(t)$，光电检测器 PD1 检测到的信号表达式为

$$y_s(t,z) \propto 2\tau(z) \cdot \frac{d\varphi}{dt} = K_s 2 \frac{n}{c} z \frac{d\varphi}{dt} \tag{1.9}$$

式中，K_s 是由波长 λ_1 的 Sagnac 干涉仪系统结构决定的相位系数，z 为破坏行为发生位置，c 为光速，n 为折射率。

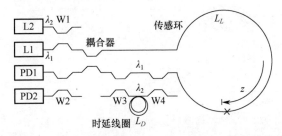

图 1.6 基于双波长 Sagnac 干涉原理的定位技术系统结构

从式（1.9）可以看出，其输出相位中包含两个未知变量，即 $\varphi(t)$ 和 z。为了能在后续处理中消除由振动信号引起的相位变化 $\varphi(t)$ 的影响，波长 λ_2 的 Sagnac 干涉仪中添加了一段延迟线圈，其长度为 L_D。当 $L_D \gg L_L$ 时，其解调相位信号只与振动信息有关，其表达式为

$$y_{ds}(t,z) \propto T_D \cdot \frac{d\varphi}{dt} \approx K_s' \frac{n}{c} L_D \frac{d\varphi}{dt} \tag{1.10}$$

式中，K_s' 是由波长 λ_2 的 Sagnac 干涉仪系统结构决定的相位系数。由于两个 Sagnac 干涉仪经历相同的传感光纤，并且通过的时间基本一致，因此可以认为它们在同一时刻由振动信号引起的相位变化 $\varphi(t)$ 相同，通过两个干涉仪输出信号的比值就可以求出作用位置 z。其比值为

$$y(z) = \frac{K_s}{K_s'} \frac{2z}{L_D} \tag{1.11}$$

则根据式（1.12）可以实现对扰动行为作用位置 z 的定位。

$$z = y(z) \frac{K_s'}{K_s} \frac{L_D}{2} \tag{1.12}$$

1.3.3 基于双 Mach-Zenhder 干涉原理的定位技术

基于双 Mach-Zenhder 干涉原理的分布式光纤振动传感器[24,25]采用时间差的方法实现振动定位，具有结构简单、可长距离连续定位的优点。其基本的光路结构如图 1.7 所示。

由激光器输出的窄带激光经耦合器 1 后分成两束光，其中的一束光经过耦合器 2 进入传感光纤 121 和 122，在耦合器 3 处发生干涉，经过光纤 12o，由光

电检测器 PD2 接收，构成第 1 个 Mach-Zenhder 干涉仪；耦合器 1 分出的另一束光经过光纤 11i，从耦合器 3 进入传感光纤 111 和 112，在耦合器 2 处发生干涉，经过光纤 11o，由光电检测器 PD1 接收，构成第 2 个 Mach-Zenhder 干涉仪。

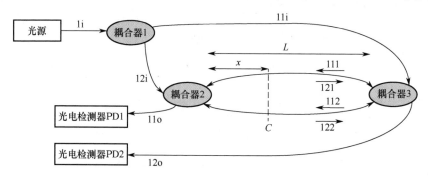

图 1.7　基于双 Mach-Zenhder 干涉原理的光路结构

设传感光纤（干涉臂）总长度为 L，发生振动的位置 C 与耦合器 2 的距离为 x。设 $\varphi(t)$ 是振动信号引起的相位调制，当振动信号作用于传感光纤 111 或传感光纤 112 时，两个 Mach-Zenhder 干涉仪受到同一个相位调制 $\varphi(t)$，该振动信号造成的两个干涉臂相位差沿两个相反方向传播到光电检测器 PD1、光电检测器 PD2 的光程不同，分别为 $L-2x$ 和 x。设真空中光速为 c，光纤纤芯的折射率为 n，则 C 点相位差信号传播到光电检测器 PD1、光电检测器 PD2 的时间差为

$$\Delta t = \frac{2n}{c}(L-x) \tag{1.13}$$

如果两个干涉输入的信号相关，则只要测量出两个干涉输出之间的时间差 Δt，就可以计算得出振动发生的位置 x。

参 考 文 献

[1] Brian Culshaw. Optical Fiber Sensor Technologies: Opportunities and Perhaps Pitfalls[J]. Journal of Lightwave Technology, 2004, 22(1): 39-50.

[2] G. B. Hocker. Fiber-optic sensing of pressure and temperature[J]. Applied Optics, 1978, 18(9): 1445-1448.

[3] W. C. Michie, et al. Fiber-optic Technique for Simultaneous Measurement of Strain and Temperature Variations in Composite Materials[J]. Proceedings of SPIE—The International Society for Optical Engineering, USA, 1588: 342-355.

[4] Eric Udd. Fiber Optic Smart Structures[J]. Proceedings of the IEEE, 1996, 84(6): 884-894.

[5] V. M. Barinov, D. V. Kiesewetter, D. A. Shatilov and A. S. Pyltzov. Fiber optic temperature monitoring system of power cable lines[C]. 2017 10th International Symposium on Advanced Topics in Electrical Engineering (ATEE), Bucharest, Romania, 2017, 641-644.

[6] S. Cocking, H. Alexakis, M. DeJong. Distributed dynamic fibre-optic strain monitoring of the behaviour of a skewed masonry arch railway bridge[J]. Journal of Civil Struct Health Monit, 2021, 11: 989-1012.

[7] Barrias, António, Rodriguez G., Casas J. R., et al. Application of distributed optical fiber sensors for the health monitoring of two real structures in Barcelona[J]. Structure and Infrastructure Engineering, 2018: 1-19.

[8] 廖延彪. 我国光纤传感技术现状和展望[J]. 光电子技术与信息, 2003, 16 (5): 1-6.

[9] 隋微波, 温长云, 孙文常, 李俊卫, 郭欢, 杨艳明, 宋佳忆. 水力压裂分布式光纤传感联合监测技术研究进展[J]. 天然气工业, 2023, 43 (02): 87-103.

[10] 康业渊, 张娜, 王化翠. 分布式光纤传感技术在大型水池渗漏监测中的应用[J]. 人民长江, 2020, 51 (S2): 118-120.

[11] 王刚, 吕京生, 刘金清, 崔志勇, 张峰. 基于分布式光纤温度传感的煤层气井测试[J]. 光电子·激光, 2020, 31 (12): 1299-1305.

[12] Luca Schenato, Andrea Galtarossa, Alessandro Pasuto, Luca Palmieri. Distributed optical fiber pressure sensors[J]. Optical Fiber Technology, 2020, 58.

[13] Pendão C, Silva I. Optical Fiber Sensors and Sensing Networks: Overview of the Main Principles and Applications[J]. Sensors, 2022, 22, 7554.

[14] Li W, Yuan Y, Yang J, et al. Review of Optical Fiber Sensor Network Technology Based on White Light Interferometry[J]. Photonic Sensors, 2021, 11, 31-44.

[15] J. Chao, J. Ruihong, H. Wen and H. Jiani. Comparative Experiments of Optical Fiber Sensor and Piezoelectric Sensor based on Vibration Detection[C]. 2020 IEEE 4th International Conference on Frontiers of Sensors Technologies (ICFST), Shanghai, China, 2020: 17-20.

[16] S. J. Spammer, P. L. Swart, and A. Booysen. Interferometric distributed optical-fiber sensor[J]. Appl. Opt., 1996, 35(22): 4522-4525.

[17] Z. Zhang and X. Bao. Distributed optical fiber vibration sensor based on spectrum analysis of Polarization-OTDR system[J]. Opt. Express, 2008, 16 (14): 10240-10247.

[18] Wu-wen Lin. Novel distributed fiber optic leak detection system[J]. Optical Engineering, 2004, 43(2): 278-279.

[19] K. Bednarska, P. Sobotka, T. R. Woliński, O. Zakręcka, W. Pomianek, A. Nocoń, P. Lesiak. Hybrid Fiber Optic Sensor Systems in Structural Health Monitoring in Aircraft Structures[J]. Materials, 2020, 13(10): 2249.

[20] Q. Wang, L. Han, and X. Liao. Experiment on a distributed fiber optic interferometric sensing system to monitor and locate urban high-density polyethylene gas pipe leakage[J]. J. Opt. Technol, 2021, 88: 536-542.

[21] P. R. Hoffman, M. G. Kuzyk. Position determination of an acoustic burst along a sagnac interferometer[J]. Journal of Lightwave Technology, 2004, 22(2): 494-498.

[22] S. J. Russell, J. P. Dakin. Location of time-varying strain disturbaces over a 40km fiber section, using a dual-Sagnac interferometer with a single source and detector[C]. OFS-13, Koyngju, Korea, 1999, 3746: 580-583.

[23] S. J. Russell, K. R. C. Brady, J. P. Dakin. Real-time location of multiple time-varying strain disturbances, acting over a 40km fiber section, using a novel dual-sagnac interferometer[J]. Journal of Lightwave Technology, 2001, 19(2): 205-213.

[24] 孙强，董文霞. M-Z 干涉型传感技术在光缆定位方法中的应用[J]. 铁道学报，2017，39（10）：97-101.

[25] Luo Guangming, Zhang Chunxi, et al. Distributed fiber optic perturbation locating sensor based on Dual-Mach-Zehnder interferometer[C]. Proc. SPIE, 2008, 6222: 66220.

第2章

基于波分复用的分布式光纤
传感器及定位原理

基于波分复用的分布式光纤传感器的基本结构

2.1.1 波分复用技术

波分复用技术（Wavelength Division Multiplexing，WDM）[1]是指，为了充分利用单模光纤低损耗区带来的巨大带宽资源，根据每个信道光波的波长（或频率）不同，将光纤的低损耗窗口划分为若干个信道，将光波作为信号的载波，在发送端采用波分复用器，将不同波长的信号光载波合并起来送入一根光纤中进行传输。在接收端，再由一个波分复用器将这些不同波长的信号光载波（分别承载不同信号的光）分开。由于不同波长的信号光载波可以看成互相独立的，因此可以实现在一根光纤中多路光信号的复用传输。图 2.1 给出了基本的波分复用系统的组成。

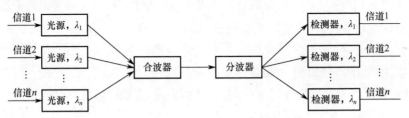

图 2.1　基本的波分复用系统的组成

2.1.2 波分复用系统基本结构

基于波分复用的分布式光纤传感系统的基本结构如图 2.2 所示。系统采用：2 个超辐射发光二极管（SLD）光源（分别产生波长为 1310nm、1550nm 的光），2 个光隔离器，2 个分光比为 1：1：1 的 3×3 光纤耦合器，4 个光电检测器，

2 段光纤延迟线，1 个波长为 1310nm 的法拉第旋转镜，1 个波长为 1550nm 的法拉第旋转镜，1 个分光比为 1∶1 的 2×2 光纤耦合器（工作波长为 1310nm、1550nm），3 个波分复用器。

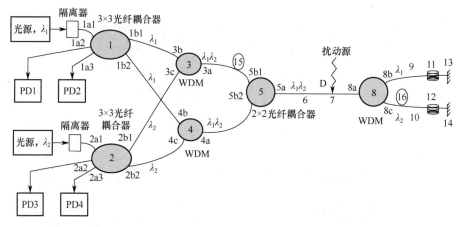

图 2.2　基于波分复用的分布式光纤传感系统的基本结构

　　该系统定位功能的实现原理为，在同一根感应光缆中注入两束不同波长的光，这两束光通过传感光纤传输到光纤端口，经一个波分复用器将两个波长成分分开，分别沿各自的独立光纤路径到达各自的反射终端，使两个光波分别形成不同的干涉。通过比较两个干涉获得的相位信号的频谱特性，可以获得扰动位置信息。外部扰动信号作用在传感光纤上，D 为扰动源。

　　波长为 λ_1 的光从 3×3 光纤耦合器 1 的 1a1 输入，从 1b1、1b2 输出；波长为 λ_2 的光从 3×3 光纤耦合器 2 的 2a1 输入，从 2b1、2b2 输出。从 1b1、2b1 输出的波长分别为 λ_1、λ_2 的光从波分复用器 3 的端口 3b、3c 输入，两个波长汇合的光从端口 3a 输出，复用端口 3a 和 5b1 之间的路径；从 1b2、2b2 输出的波长分别为 λ_1、λ_2 的光经波分复用器 4 的端口 4b、4c 输入，两个波长汇合的光从端口 4a 输出，复用端口 4a 和 5b2 之间的路径。从端口 5b1、5b2 输入的光，经 5a 输出，注入到感应光纤 6 中。在感应光纤的末端，通过波分复用器 8 的端口 8a，两个波长的光被分开。波长为 λ_1 的光经端口 8b，经相位调制器 11 到达反射端 13 后被反射；波长为 λ_2 的光经端口 8c，经相位调制器 12 到达反射端 14 后被反射。在该干涉结构中，波长为 λ_1 的光产生的干涉信号从 3×3 光纤耦合器 1 的端口 1a2、1a3 输出，波长为 λ_2 的光产生的干涉信号从 3×3 光纤耦合器 2 的端口 2a2、2a3 输出。从波长为 λ_1、λ_2 的光产生的干涉信号中分别解调出相应的相位信号，就可以通过比较这两个相位信号的频谱特性确定扰动位置。

对于波长为 λ_1 的系统，其干涉光路如下。

（1）1a1-1-1b1-3b-3a-15-5b1-5a-7-8a-8b-11-13-11-8b-8a-7-5a-5b2-4a-4b-1b2-1；

（2）1a1-1-1b2-4b-4a-5b2-5a-7-8a-8b-11-13-11-8b-8a-7-5a-5b1-15-3a-3b-1b1-1。

对于波长为 λ_2 的系统，其干涉光路如下。

（1）2a1-2-2b1-3c-3a-15-5b1-5a-7-8a-8c-16-12-14-12-16-8c-8a-7-5a-5b2-4a-4c-2b2-2；

（2）2a1-2-2b2-4c-4a-5b2-5a-7-8a-8c-16-12-14-12-16-8c-8a-7-5a-5b1-15-3a-3c-2b1-2。

该系统属于相位调制型系统，只有形成干涉的光才能够携带扰动源的相位信息。在波长为 λ_1 的系统中，a 和 b 有相同的光程，能够在光纤耦合器中形成稳定的干涉，记为 IP1。相同地，在波长为 λ_2 的系统中，c 和 d 有相同的光程，也能够在光纤耦合器中形成稳定的干涉，记为 IP2。波长为 λ_1 的光波干涉信号中携带扰动源 7 距离反馈装置 13 的长度信息，波长为 λ_2 的光波干涉信号中携带扰动源 7 距离反馈装置 14 的长度信息。这两个长度差（光纤 9 和光纤 10 的长度差）的存在，使我们可以通过比较两个光波干涉获得的相位信号的频谱特性来实现定位。

2.1.3　3×3 光纤耦合器对系统的影响

基于波分复用的分布式光纤传感系统通过两个 3×3 光纤耦合器利用波分复用技术构成了两个独立的干涉光路，使同一个扰动获得两种不同的干涉信号，利用其来实现分光和干涉[2-5]。本节从光纤耦合方程出发，来具体推导系统中的干涉过程。

3×3 光纤耦合器结构示意图如图 2.3 所示。

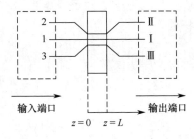

图 2.3　3×3 光纤耦合器结构示意图

图中，z 表示耦合器的耦合腰长度。设 $a_j(j=1,2,3)$ 为复数，表示 3×3 光纤耦合器不同端口的光波复振幅，根据模式耦合理论，满足下面的线性微分方程：

$$\frac{\mathrm{d}a_j}{\mathrm{d}z} + \mathrm{i}K_{j(j+1)}a_{j+1} + \mathrm{i}K_{j(j+2)}a_{j+2} = 0 \tag{2.1}$$

式中，$j = j + 3$，$K_{jk} = K_{kj}$ 表示第 j 个波导和第 k 个波导之间的耦合系数。为了计算方便，根据单模光纤非平面型耦合器的特点，有 $K_{12} = K_{23} = K_{13} = K$，在此条件下，如式（2.1）所示微分方程的解为

$$a_j(z) = c_j\mathrm{e}^{\mathrm{i}Kz} + d\mathrm{e}^{-2\mathrm{i}Kz}, \quad \sum_{j=1}^{3}c_j = 0 \tag{2.2}$$

式中，参数 K_z 表示耦合器的耦合性能，称为耦合度参数，单位为度。根据初始条件，可以将非平面 3×3 单模光纤耦合器的传输特性用矩阵来描述，即

$$\begin{bmatrix} a_1(z) \\ a_2(z) \\ a_3(z) \end{bmatrix} = \begin{bmatrix} x & y & y \\ y & x & y \\ y & y & x \end{bmatrix}\begin{bmatrix} a_1(0) \\ a_2(0) \\ a_3(0) \end{bmatrix} \tag{2.3}$$

式中，$a_1(0)$、$a_2(0)$、$a_3(0)$、$a_1(z)$、$a_2(z)$、$a_3(z)$ 分别为输入端和输出端光的复振幅；$x = (z_1 + 2z_2)/3$；$y = (z_1 - z_2)/3$；$z_1 = \mathrm{e}^{-\mathrm{i}2K_z}$；$z_2 = \mathrm{e}^{\mathrm{i}K_z}$。

这里，令

$$\boldsymbol{T} = \begin{bmatrix} x & y & y \\ y & x & y \\ y & y & x \end{bmatrix} \tag{2.4}$$

式中，$\boldsymbol{T}$ 为 3×3 光纤耦合器的传输矩阵。

输出端的光强可表示为

$$\begin{bmatrix} P_1 \\ P_2 \\ P_3 \end{bmatrix} = \begin{bmatrix} a_1^*(L) & 0 & 0 \\ 0 & a_2^*(L) & 0 \\ 0 & 0 & a_3^*(L) \end{bmatrix}\begin{bmatrix} a_1(L) \\ a_2(L) \\ a_3(L) \end{bmatrix} \tag{2.5}$$

式中，*表示复数的转置。由式（2.5）就可以考察在不同的输入情况下，3×3 光纤耦合器的输出信号特性。

设 $\varphi(t)$ 为调制信号对光信号的调制效果，输入的复振幅可以分别表示为 a_1、a_2 和 a_3，在耦合器的右边输出端口 1、输出端口 2、输出端口 3 处得到的复振幅分别表示为 $a_1(L)$、$a_2(L)$ 和 $a_3(L)$。在干涉发生的情况下，各端口的输出光功率均为

$$P_i = A_i + B_i\cos(\varphi(t) + \theta_i) \tag{2.6}$$

式中，A_i 为干涉信号的直流部分；$B_i\cos(\varphi(t) + \theta_i)$ 为干涉信号的交流部分；θ_i 为干涉信号中交流部分的初始相位；而 B_i/A_i 定义为干涉信号的对比度，或者调制深度，直接反映了条纹的清晰度情况。

下面根据不同的输入方式考察经过单个耦合器传输后的输出信号特性。

1. 分光情况讨论（假设输出端口 1 处光强为 a^2）

此时，光在光纤耦合器中的传输情况如图 2.4 所示。

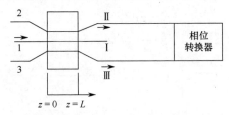

图 2.4　反射端反射前 3×3 光纤耦合器的注入光情况

输入条件（初始条件）为

$$\begin{cases} a_2 = 0 \\ a_1 = a \\ a_3 = 0 \end{cases} \tag{2.7}$$

利用初始条件代入式（2.3）、式（2.5），可得

$$c_1 = \frac{2}{3}A, \quad c_2 = c_3 = -\frac{1}{3}A, \quad d = \frac{1}{3}A \tag{2.8}$$

当 $z=L$ 时，光纤耦合器的输出光功率为

$$\begin{cases} P_1 = \dfrac{a^2}{9}[5 + 4\cos(3K_L)] \\[2mm] P_2 = \dfrac{a^2}{9}[2 - 2\cos(3K_L)] \\[2mm] P_3 = \dfrac{a^2}{9}[2 - 2\cos(3K_L)] \end{cases} \tag{2.9}$$

3×3 光纤耦合器的分光比为

$$P_1 : P_2 : P_3 = [5 + 4\cos(3K_L)] : [2 - 2\cos(3K_L)] : [2 - 2\cos(3K_L)] \tag{2.10}$$

可见，K_L 反映了光纤耦合器的分光特性，是决定分光比的重要参数，通过控制 K_L，可以调节输出信号的相位差。

当 $\cos(3K_L) = -1/2$ 时，$P_1 : P_2 : P_3 = 1:1:1$。在此情况下，光纤耦合器具有均一的分光比，$K_L=40°$。目前，业界使用的光纤耦合器大多具备均一的分光比，通过后续的分析可以看出，为了得到高的条纹对比度，全光纤速度干涉仪要采用此类具有均一分光比的器件。

2. 强度稳定的干涉系统

在理想的干涉系统中，假设输出端口 2、输出端口 3 处的光强为 a^2，则输入条件可表示为

$$\begin{cases} a_2 = a \\ a_1 = 0 \\ a_3 = a\mathrm{e}^{\mathrm{i}\varphi(t)} \end{cases} \tag{2.11}$$

此时，光在光纤耦合器中的传输情况如图 2.5 所示。

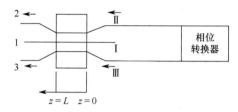

图 2.5　反射光通过反射端反射后在 3×3 光纤耦合器中的注入情况

将式（2.11）代入式（2.3），各端口的复振幅可以分别表示为

$$\begin{cases} a_1(L) = \dfrac{a}{3}\mathrm{e}^{\mathrm{i}K_L}[(1-\mathrm{e}^{-\mathrm{i}3K_L})\mathrm{e}^{\mathrm{i}\varphi(t)}+1-\mathrm{e}^{-\mathrm{i}3K_L}] \\ a_2(L) = \dfrac{a}{3}\mathrm{e}^{\mathrm{i}K_L}[(2-\mathrm{e}^{-\mathrm{i}3K_L})\mathrm{e}^{\mathrm{i}\varphi(t)}-1-\mathrm{e}^{-\mathrm{i}3K_L}] \\ a_3(L) = \dfrac{a}{3}\mathrm{e}^{\mathrm{i}K_L}[(-1-\mathrm{e}^{-\mathrm{i}3K_L})\mathrm{e}^{\mathrm{i}\varphi(t)}+2-\mathrm{e}^{-\mathrm{i}3K_L}] \end{cases} \tag{2.12}$$

设输出端口处输出的光功率分别表示为 P_1、P_2、P_3，根据式（2.12），输出端输出的光功率表示为

$$\begin{cases} P_1 = \dfrac{4a^2}{9}\{1-\cos(3K_L)+[1-\cos(3K_L)]\cos[\varphi(t)]\} \\ P_2 = \dfrac{a^2}{9}\{7+2\cos(3K_L)+4|\sin(3K_L/2)|\sqrt{1+8\cos^2(3K_L/2)}\cos[\varphi(t)+\theta_1]\} \\ P_3 = \dfrac{a^2}{9}\{7+2\cos(3K_L)+4|\sin(3K_L/2)|\sqrt{1+8\cos^2(3K_L/2)}\cos[\varphi(t)+\theta_2]\} \end{cases} \tag{2.13}$$

式中，θ_1 和 θ_2 为光纤耦合器引起的光干涉信号的初始相位，$\theta_1 = -\theta_2 = \theta$，其中

$$\theta = \pi - \arctan\left[3\cot\left(\frac{3}{2}K_L\right)\right] \tag{2.14}$$

在此输入条件下，从式（2.14）可知，输出端口 2、输出端口 3 处探测信号的调制度表示为

$$M = \frac{4|\sin(3K_L/2)|\sqrt{1+8\cos^2(3K_L/2)}}{7+2\cos(3K_L)} \tag{2.15}$$

系统调制度随光纤耦合度 K_L 的变化曲线如图 2.6 所示。

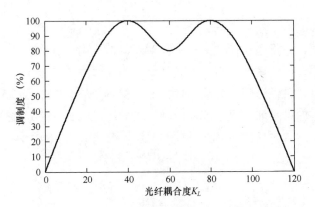

图 2.6　系统调制度随光纤耦合度 K_L 的变化曲线

可见，当 $K_L = 40°$ 时，条纹对比度最大，而此时由 K_L 决定的分光比均一，通过控制 K_L，可以调节信号的对比度。

将 $K_L = 40°$ 代入式（2.13），可得

$$\begin{cases} P_1 = \dfrac{2a^2}{3}\{1 + \cos[\varphi(t)]\} \\[3mm] P_2 = \dfrac{2a^2}{3}\{1 + \cos[\varphi(t) + 120°]\} \\[3mm] P_3 = \dfrac{2a^2}{3}\{1 + \cos[\varphi(t) - 120°]\} \end{cases} \tag{2.16}$$

比较式（2.16）可知，如果 3×3 光纤耦合器的分光比为 1/3，从任意两个输入端注入存在相位差 $\varphi(t)$ 的光信号，经光纤耦合器后在输出端将产生相位差为 120° 的光信号。如果 $\varphi(t)$ 为包含振动信息的输入信号，那么在 3×3 光纤耦合器的输出端将产生相位差为 120° 的干涉信号。

根据以上分析可知，在系统中采用分光比均一的 3×3 光纤耦合器，不需要单独的相位偏置结构就可以使系统工作在比较灵敏的区域范围内，而目前使用的光纤耦合器大多具备均一的分光比，因此很容易达到此要求。这也就避免了传统的传感器结构中使用 2×2 光纤耦合器时需要在干涉光路中引入相位调制器进行调相的问题，提高了系统的灵敏度。

2.2　基于波分复用的分布式光纤传感器的定位原理

在分析系统基本原理时，由于在图 2.2 中两个反射端反射回来的光互不干涉，并且两个干涉光路完全对称，在 3×3 光纤耦合器输出端口 1、输出端口 2

中形成的干涉光除了波长不同、光程长短不同，其他的光学性质是基本相同的。为了说明方便，先将系统简化为单一反射端，即只考虑其中一路反射光形成的干涉。系统通过相位调制器将干涉光调制在一定频率的载波下，在进行信号相位解调前，首先会经过信号分离提取处理，得到单波长的干涉信号，所以在说明系统的基本原理时通常将起载波调制作用的压电陶瓷（PZT）忽略。关于 PZT 的解调及其作用的相关内容将在后续章节进行分析。

图 2.7 表示如图 2.2 所示系统中简化的一部分。

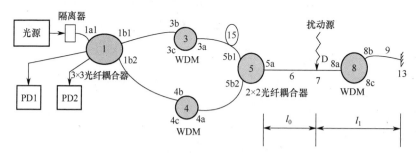

图 2.7　基于波分复用的分布式光纤传感器的简化结构

在感应光纤 7 处施加一个振动信号 $\varphi(t)$，光在反馈装置 13 处返回。WDM 到反馈装置 13 的光纤长度很短，可以忽略不计。

根据光弹性效应，传输光波的相位变化与感应光纤上的外界扰动成正比，假设在时刻 t 由扰动信号引起的传输光波相位变化为 $\varphi(t)$，两束相干光都经过扰动源，因此其均被扰动信号调制，则从 3×3 光纤耦合器的一个输出端口输出的两束干涉光为

$$E_1 = E_{10}\,\mathrm{e}^{\mathrm{j}\left[\omega_c t + \varphi(t-\tau_1)+\varphi(t-\tau_2)+\varphi_0+\varphi_1\right]} \tag{2.17}$$

$$E_2 = E_{20}\,\mathrm{e}^{\mathrm{j}\left[\omega_c t + \varphi(t-\tau_3)+\varphi(t-\tau_4)+\varphi_0+\varphi_2\right]} \tag{2.18}$$

这两束光的相位变化包含扰动信号对它的影响，其中，E_{10} 和 E_{20} 分别为两束光的振幅，可认为其近似相等，即 $E_{10} \approx E_{20}$；φ_0 为干涉光的初始相位；φ_1、φ_2 为光路结构引入的相位；ω_c 为光波角频率；$\varphi(t-\tau_1)$ 和 $\varphi(t-\tau_2)$ 表示第一束相干光在 $t-\tau_1$ 时刻和 $t-\tau_2$ 时刻受到扰动所发生的相位变化，τ_1 表示光从扰动源到达光纤耦合器输出端 1 所需时间，τ_2 表示光从扰动源经反射端反射，并再次通过扰动源到达耦合器输出端 1 所需时间；$\varphi(t-\tau_3)$ 和 $\varphi(t-\tau_4)$ 表示第二束相干光在 $t-\tau_3$ 时刻和 $t-\tau_4$ 时刻受到扰动所发生的相位变化，τ_3 表示光经过时延线圈 15 后从扰动源到达光纤耦合器输出端 B 所需时间，τ_4 表示光经过时延线圈 15 后从扰动源经反射端反射后，并再次通过扰动源到达光纤耦合器输出端 B 所需时间。τ_1、τ_2、τ_3、τ_4 分别表示为

$$\tau_1 = \frac{nl_0}{c} \qquad \tau_2 = \frac{n(l_0 + 2l_1)}{c}$$

$$\tau_3 = \frac{n(l_d + l_0)}{c} \qquad \tau_4 = \frac{n(l_d + l_0 + 2l_1)}{c} \tag{2.19}$$

式中，n 是光纤纤芯等效折射率，c 是真空中的光速，l_0 表示从光纤耦合器 5 到扰动源 D 的距离，l_1 表示从扰动源 D 到反馈装置 13 的距离，l_d 为时延线圈 15 的长度。

式（2.17）和式（2.18）所示的相干光在光纤耦合器 1 处发生干涉，其光强可表示为

$$\begin{aligned} I_{12} &= (E_1 + E_2)(E_1 + E_2)^* \\ &= 2E_{10}^2\{1 + \cos[\varphi(t-\tau_1) + \varphi(t-\tau_2) - \varphi(t-\tau_3) - \varphi(t-\tau_4) + \varphi_1 - \varphi_2]\} \end{aligned} \tag{2.20}$$

为简化分析，令 $t = t - \tau_1$，光往返扰动源 7 传输两次的时间为 T_1，则

$$T_1 = 2nl_1 / c \tag{2.21}$$

光在时延线圈上的传输时间为

$$\tau = \frac{nl_d}{c} \tag{2.22}$$

则式（2.20）可写为

$$\begin{aligned} I_{12} &= 2E_{10}^2\{1 + \cos[\varphi(t) + \varphi(t-T_1) - \varphi(t-\tau) - \varphi(t-\tau-T_1) + \varphi_1 - \varphi_2]\} \\ &= 2E_{10}^2[1 + \cos(\Delta\varphi(t) + \phi)] \end{aligned} \tag{2.23}$$

式中，$\Delta\varphi(t) = \varphi(t) + \varphi(t-T_1) - \varphi(t-\tau) - \varphi(t-\tau-T_1)$，为扰动信号引起的相位差；$\phi = \varphi_1 - \varphi_2$。

根据振动频谱分析原理，任何一个复杂的振动都可以分解为不同频率的简谐振动的叠加，所以考虑单一频率为 ω 的振动信号

$$\varphi(\lambda, \omega, t) = \varphi_0(\omega, \lambda)\sin(\omega t) \tag{2.24}$$

在时刻 $t + \tau$，单一频率为 ω 的振动信号引起的传输光波相位变化为

$$\varphi(\lambda, \omega, t+\tau) = \varphi_0(\omega, \lambda)\sin[\omega(t+\tau)] \tag{2.25}$$

由于两束相干光都经过了两次调制，前者在 t 时刻、$t + T_1$ 时刻，后者在 $t + \tau$ 时刻、$t + \tau + T_1$ 时刻，根据式（2.23）、式（2.24）、式（2.25）可知，由频率为 ω 的扰动引起的干涉光的相位差为

$$\begin{aligned} \Delta\varphi_\lambda(\omega, t) &= \varphi_0(\omega, \lambda)\{\sin[\omega(t-\tau)] + \sin[\omega(t-\tau-T_1)]\} - \varphi_0(\omega, \lambda)\{\sin\omega t + \sin[\omega(t-T_1)]\} \\ &= 2\varphi_0(\omega, \lambda)\sin\left[\omega\left(t-\tau-\frac{T_1}{2}\right)\right]\cos\frac{\omega T_1}{2} - 2\varphi_0(\omega, \lambda)\sin\left[\omega\left(t-\frac{T_1}{2}\right)\right]\cos\frac{\omega T_1}{2} \\ &= 4\varphi_0(\omega, \lambda)\cos\frac{\omega T_1}{2}\sin\frac{\omega\tau}{2}\cos\left[\omega\left(t-\frac{\tau+T_1}{2}\right)\right] \end{aligned} \tag{2.26}$$

可以看出，$\Delta\varphi_\lambda(\omega,t)$ 与外界扰动信号 $\varphi(\omega,t)$ 成正比。对于所有频率的扰动，由于实施的扰动是可叠加的，因此总的相位差 $\Delta\varphi(\lambda,t)=\sum\limits_\omega\Delta\varphi_\lambda(\omega,t)$，对应外界振动信号的大小。

设该光路是波长为 λ_1 的光的路径，反馈装置为 13，设扰动源 7 与反馈装置 13 的距离为 l_1，光纤时延线圈 15 产生的时延为 τ_1，即 $\tau=\tau_1$，则有

$$\Delta\varphi_{\lambda_1}(\omega,t)=4\varphi_0(\omega,\lambda_1)\cos\frac{\omega T_1}{2}\sin\frac{\omega\tau_1}{2}\cos\left[\omega\left(t-\frac{\tau_1+T_1}{2}\right)\right] \qquad (2.27)$$

对于波长为 λ_2 的光的路径，反馈装置为 14，设图 2.2 中光纤路径 9 和光纤路径 10 相差的光纤长度，即时延线圈 16 的长度为 l_3，则对应的时延 $\tau_3=nl_3/c$，光往返扰动源 7 的时间为 $T_1+2\tau_3$，则有

$$\Delta\varphi_{\lambda_2}(\omega,t)=4\varphi_0(\omega,\lambda_2)\cos\frac{\omega(T_1+2\tau_3)}{2}\sin\frac{\omega\tau_1}{2}\cos\left[\omega\left(t-\frac{\tau_1+T_1+2\tau_3}{2}\right)\right] \qquad (2.28)$$

对于所有频率的扰动，波长为 λ_1、λ_2 的光波对应的总相位差分别为

$$\Delta\varphi_{\lambda_1}(t)=\sum_\omega\Delta\varphi_{\lambda_1}(\omega,t) \qquad (2.29)$$

$$\Delta\varphi_{\lambda_2}(t)=\sum_\omega\Delta\varphi_{\lambda_2}(\omega,t) \qquad (2.30)$$

结合式（2.23），可知系统在 3×3 光纤耦合器 1 的输出端口可以得到的随时间变化的干涉信号为

$$I_{\lambda_1}(t)_1=A+B\{\cos[\Delta\varphi_{\lambda_1}(t)+C_1\cos(\omega_1 t)+\phi]\} \qquad (2.31)$$

$$I_{\lambda_1}(t)_2=A+B\{\cos[\Delta\varphi_{\lambda_1}(t)+C_1\cos(\omega_1 t)-\phi]\} \qquad (2.32)$$

同理，在 3×3 光纤耦合器 2 的输出端口得到的随时间变化的干涉信号为

$$I_{\lambda_2}(t)_1=A'+B'\{\cos[\Delta\varphi_{\lambda_2}(t)+C_2\cos(\omega_2 t)+\phi]\} \qquad (2.33)$$

$$I_{\lambda_2}(t)_2=A'+B'\{\cos[\Delta\varphi_{\lambda_2}(t)+C_2\cos(\omega_2 t)-\phi]\} \qquad (2.34)$$

其中，A、B、A'、B' 是与输入光功率大小有关的一个常量；ϕ 为整个系统的初始相位，$\phi=2\pi/3$；$C_1\cos(\omega_1 t)$、$C_2\cos(\omega_2 t)$ 分别为相位调制器 PZT11、PZT12 产生的载波信号；相位差 $\Delta\varphi_{\lambda_1}(t)$、$\Delta\varphi_{\lambda_2}(t)$ 的变化反映的是外界同一个振动信号的大小，但两者携带的该振动信号在传感光纤上的位置信息不同。通过两个相位调制器分别将同一个振动信号调制到相应频率的载波信号上，并通过相位载波解调算法将 $\Delta\varphi_{\lambda_1}(t)$、$\Delta\varphi_{\lambda_2}(t)$ 从光纤耦合器输出端口 1、输出端口 2 输出的干涉光中解调出来。

在使用一个反射端时，这个光路系统的定位原理如下。

由式（2.26）可知，当 $\cos\dfrac{\omega T_1}{2}\sin\dfrac{\omega\tau}{2}=0$ 时，叠加的频域谱上与频率 ω 对应的光强度的交流量始终为零，在频域谱上表现为该特征扰动频率 ω 对应的光强度明显小于周边频率对应的光强度，呈现出一系列周期性的极值点。这种情况又分为以下两种可能。

（1）当 $\cos\dfrac{\omega T_1}{2}=0$ 时，$\dfrac{\omega T_1}{2}=k\pi-\dfrac{\pi}{2}$（其中，$k$ 为自然数）。

将式（2.21）代入，记特征频率为 $f_{\text{null}}(k)$，则有

$$f_{\text{null}}(k)=\frac{\omega}{2\pi}=\frac{2k-1}{2T_1}=\frac{2k-1}{2}\cdot\frac{c}{2nl_1}\qquad (k=1,2,\cdots)\qquad(2.35)$$

由式（2.35）可见，扰动源的位置（用 l_1 表示）与特征频率 $f_{\text{null}}(k)$ 密切对应，其大小为

$$l_1=\frac{(2k-1)c}{4nf_{\text{null}}(k)}\qquad (k=1,2,3,\cdots)\qquad(2.36)$$

（2）当 $\sin\dfrac{\omega\tau}{2}=0$ 时，$f'(k)=\dfrac{k-1}{\tau}$（τ 为延迟时间），也存在"陷波点"[6-7]。但是，由于 τ 可以取得很小（可调节），则与其对应的第一个特征频率 $f'(1)$ 就非常大，即在频谱上相应的"陷波点"频率位置远离零点。因此，只要选取适当的 τ，就可以避免 $f'(k)$ 对 $f_{\text{null}}(k)$ 的干扰。

对相位解调后的信号进行傅里叶变换得到频域谱，即可找出特征频率 $f_{\text{null}}(k)$，称之为"陷波点"，从而依据式（2.36）计算得出 l_1，并判定扰动发生的位置。频谱"陷波点"理论示意图如图 2.8 所示。

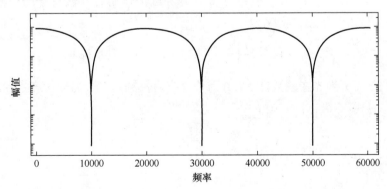

图 2.8　频谱"陷波点"理论示意图

这种利用"陷波点"定位的方法只对具有特定频率的扰动信号有效。此外，在试验中经常发现，一阶"陷波点"会被噪声信号淹没，高阶"陷波点"定位

比较稳定、准确，但现实中的扰动信号频率往往不能激发到合适的高阶"陷波点"。这种方法只能利用频谱上的几个有限点进行定位，定位精度也会受到限制，因此这种定位方式存在一定的局限性。

为了解决上述问题，本系统使用了两个经过载波调制的反射端，由于任何一个复杂的振动都可以分解为不同频率的简谐振动的叠加，因此考虑单一频率为 ω 的振动信号。通过相位载波解调算法将 $\Delta\varphi_{\lambda_1}(t)$、$\Delta\varphi_{\lambda_2}(t)$ 还原出来后，对两路信号进行频谱转换。根据式（2.27），在 $\Delta\varphi_{\lambda_1}(t)$ 的频谱上，每个频率 ω 都有与其相对应的幅值，即

$$F_{\lambda_1}(\omega) = 4\varphi_0(\omega,\lambda_1)\cos\frac{\omega T_1}{2}\sin\frac{\omega\tau_1}{2} \tag{2.37}$$

同理，根据式（2.28），在 $\Delta\varphi_{\lambda_2}(t)$ 的频谱上，每个频率 ω 都有与其相对应的幅值，即

$$F_{\lambda_2}(\omega) = 4\varphi_0(\omega,\lambda_2)\cos\frac{\omega(T_1+2\tau_3)}{2}\sin\frac{\omega\tau_1}{2} \tag{2.38}$$

又已知 $T_1 = 2nl_1/c$，$\tau_3 = nl_3/c$，其中，l_3 为两个反射端形成的光路之间的长度差，其为已知量，因此可得

$$\frac{F_{\lambda_1}(\omega)}{F_{\lambda_2}(\omega)} = \frac{4\varphi_0(\omega,\lambda_1)\cos\dfrac{\omega T_1}{2}\sin\dfrac{\omega\tau_1}{2}}{4\varphi_0(\omega,\lambda_2)\cos\dfrac{\omega(T_1+2\tau_3)}{2}\sin\dfrac{\omega\tau_1}{2}} = \frac{\varphi_0(\omega,\lambda_1)\cos\dfrac{\omega\alpha l_1}{2}}{\varphi_0(\omega,\lambda_2)\cos\dfrac{\omega\alpha(l_1+l_3)}{2}} \tag{2.39}$$

式中，$\alpha = 2n/c$，为常数。

由光弹效应[8-10]可知，光纤在受到外界应力作用时（假设不产生微弯），ω 频率分量引起的相位变化为

$$\varphi_0(\omega,\lambda) = \frac{2\pi n}{\lambda}\left\{1 - \frac{n^2}{2}[(1-\nu)p_t - \upsilon p_l]\right\}\Delta l(\omega) \tag{2.40}$$

式中，p_t、p_l 为光弹系数，$\Delta l(\omega)$ 为外界应力 ω 频率的应力分量产生的应变，υ 为光纤材料的泊松比，因此有

$$\frac{\varphi_0(\omega,\lambda_1)}{\varphi_0(\omega,\lambda_2)} = \frac{\lambda_2}{\lambda_1} \tag{2.41}$$

则

$$\frac{F_{\lambda_1}(\omega)}{F_{\lambda_2}(\omega)} = \frac{\lambda_2\cos\dfrac{\omega\alpha l_1}{2}}{\lambda_1\cos\dfrac{\omega\alpha(l_1+l_3)}{2}} \tag{2.42}$$

$$l_1 = \frac{1}{\omega\alpha}\arctan\left(\cot(\omega\alpha l_3) - \frac{F_2(\omega)}{F_1(\omega)\sin(\omega\alpha l_3)}\right) \quad\quad (2.43)$$

式（2.43）的左边可以通过实际测试获得，α、l_3 为常数。因此，对于每个频率 ω，通过比较两者频谱上的幅度，都可以求得 l_1，从而得到外界振动信号在传感光纤上的位置信息。

由以上分析可知，本节提出的频谱比值的定位算法不依赖频谱中的特定"陷波点"进行定位，即不需要在频谱上寻找"陷波点"，也就不需要扰动信号具备特定的频率，因而更具有普适性。此外，利用频谱上的每个点都可以求得 l_1，可以对频谱上的若干个点求得的定位值进行平均，这样可以在很大程度上减小检测信号不稳定所造成的差异性和信号处理中的误差，进而大大提高了系统的定位精度。

2.3 相位载波解调在系统中的作用分析

2.3.1 相位载波解调在系统中的应用

相位生成载波技术[11]是光纤传感中常用的技术，通常被用来克服相位衰落现象。在光的干涉中，当相干涉的两束光的相位差为 0（或 π 的整数倍）时，干涉处于对相位变化最不敏感的状态，即发生了相位衰落，此时可以利用相位生成载波技术来克服这种现象。

相位生成载波调制在被测信号带宽外的某一频带之外引入大幅度的相位调制，被测信号位于调制信号的边带上，这样就可以把外界干扰的影响和电路系统容易产生的低频段问题转化为对调制信号的影响，并且把被测信号的频带与低频干扰的频带分开，有利于后续的分离。

本系统中使用相位生成载波技术，其主要目的不是克服相位衰落现象，而是利用相位生成载波技术来标记有效的光信号，使有用的干涉信号最终可以从光路输出中提取出来。换句话说，相位生成载波技术被用来抑制光路中背向散射光对测量带来的干扰，本节将详细介绍相位生成载波解调技术在本系统中的原理，以及具体应用的一些参数设置方法。

1. 相位生成载波调制解调

相位生成载波（PGC）调制可以分为外调制和内调制。直接调制激光光源实现不等臂干涉仪的相位生成载波调制称为内调制，它不需要改变干涉仪的结构，系统就可以实现全光，但要求光源可调频。外调制通常通过在干涉仪的一个臂上加压电陶瓷，调制压电陶瓷，使光纤的长度随压电陶瓷直径的变化而变化，从而调制干涉仪两臂的光程差。

本书提出的系统采用外调制的方法。设相位调制器作用在光纤上的信号幅度为 C，角频率为 ω_0，则光纤干涉仪的输出可以表示为

$$I = A + B\cos[C\cos(\omega_0 t) + \Delta\varphi(t) + \phi_0] \tag{2.44}$$

式中，A 是与干涉仪输入光强、偏振器、光纤耦合器损耗等有关的直流项；B 与干涉仪的输入光强、光纤耦合器的分光比、干涉仪的消光比等参数有关；ω_0 远大于待检测信号的频率；$\Delta\varphi(t)$ 是由外界扰动信号引起的相位差；ϕ_0 为整个系统的初始相位。

从式（2.44）可以看出，相位生成载波调制实际上使干涉仪的相位"工作点"在一个很大的范围内快速变化，能够得到一个平均稳定的相位灵敏度，既不会停留在最高灵敏区，也不会停留在最低灵敏区。相位生成载波解调是指从式（2.44）中提取外界扰动信号引起的相位差 $\Delta\varphi(t)$。光电检测器获得的两路信号分别为

$$I_1 = A + B\cos[\Delta\varphi(t) + \phi_{01} + C\cos(\omega_0 t)] \tag{2.45}$$

$$I_2 = A + B\cos[\Delta\varphi(t) + \phi_{02} + C\cos(\omega_0 t)] \tag{2.46}$$

式中，$\phi_{01} = -\phi_{02} = 2\pi/3$。式（2.45）和式（2.46）中包含外界振动信号产生的相位差 $\Delta\varphi(t)$。

利用第一类贝塞尔函数将式（2.42）展开，可得

$$I_1(t) = A + B\{\cos[\Delta\varphi(t) + \phi_{01}]\cos[C\cos(\omega_0 t)] - \sin[\Delta\varphi(t) + \phi_{01}]\sin[C\cos(\omega_0 t)]\}$$

$$= A + B\left\{[J_0(C) + 2\sum_{k=1}^{\infty}(-1)^k J_{2k}(C)\cos(2k\omega_0 t)]\cos[\Delta\varphi(t) + \phi_{01}] - \right.$$

$$\left. \left[2\sum_{k=0}^{\infty}(-1)^k J_{2k+1}(C)\cos[(2k+1)\omega_0 t]\right]\sin[\Delta\varphi(t) + \phi_{01}]\right\} \tag{2.47}$$

$$= A + B\cos[\Delta\varphi(t) + \phi_{01}][J_0(C) - 2J_2(C)\cos(2\omega_0 t) + \cdots] -$$

$$B\sin[\Delta\varphi(t) + \phi_{01}][2J_1(C)\cos(\omega_0 t) - 2J_3(C)\cos(3\omega_0 t) + \cdots]$$

式中，J_k 为第一类 k 阶贝塞尔函数。式（2.47）中含有 ω_0 的各次倍频项，将式（2.47）乘以 $G\cos(\omega_0 t)$（G 为调制信号的幅度）后进行低通滤波，滤除 ω_0 及其各次倍频，即可得到

$$U_1(t) = -BGJ_1(C)\sin[\Delta\varphi(t) + \phi_{01}] \tag{2.48}$$

对式（2.46）表示的信号进行相同处理，可得到

$$U_2(t) = -BHJ_1(C)\sin[\Delta\varphi(t) + \phi_{02}] \tag{2.49}$$

为了增大相位生成载波检测的信噪比，应尽量提高调制信号的幅值 G 和 H。

式（2.48）、式（2.49）分别微分后得 $\dot{U}_1$ 和 $\dot{U}_2$，由 $\dot{U}_1 U_2 - \dot{U}_2 U_1$ 可得与 $\Delta\varphi(t)$ 成正比的信号，即

$$\dot{V}(t) = B^2 GHJ_1^2(C)\sin(\phi_{01} - \phi_{02})\Delta\dot{\varphi}(t) \qquad （2.50）$$

对式（2.50）进行积分，并经过高通滤波器后得

$$V(t) = B^2 GHJ_1^2(C)\sin(\phi_{01} - \phi_{02})\Delta\varphi(t) \qquad （2.51）$$

式（2.51）所示的 $V(t)$ 是光电检测器获得的信号，与外界扰动信号 $\Delta\varphi(t)$ 成正比，这样就可以将人们所需要的两个干涉光路的相位差分别提取出来。利用式（2.50）和式（2.51）解调出 $\Delta\varphi(t)$ 的方法被称为微分法。下面来考察利用微分法还原相位差的误差情况。

给出原始扰动信号 $\Delta\varphi(t)$，令其是频率为 5kHz、幅度为 2.8V 的单频正弦信号，采样频率为 500kHz，模拟两路干涉信号的波形如图 2.9 所示。根据微分法解调后得到的还原信号如图 2.10 所示，误差曲线如图 2.11 所示。

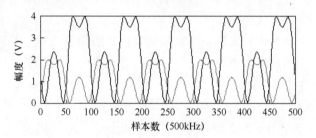

图 2.9 时域波形

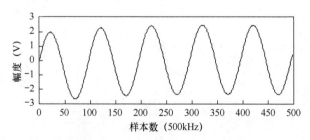

图 2.10 模拟信号解调后的时域波形

由图 2.11 可以看出，根据微分法还原后的信号误差较大，最大相对误差为 4.1%。这是由于对式（2.50）积分后，信号中存在的直流分量会导致积分结构出现漂移，因此需要对积分后的信号进行高通滤波处理。本节提出的定位算法根据还原后的信号的频谱比值进行定位，对相位还原算法的要求较高。本书后续章节将提出一种新的基于 3×3 光纤耦合器的相位还原算法，其解调误差较小。

通过在定位算法中使用基于 3×3 光纤耦合器的相位还原算法，把两个干涉光路的相位差分别提取出来，然后进行频谱比值的计算，提高定位精度。

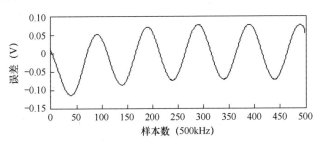

图 2.11 解调信号的误差曲线

2. 调制信号频率的确定

在使用相位生成载波调制时，确定加载的调制信号的频率对于系统的影响很大，只有选择适当的调制信号才能使系统正常工作。下面将主要分析如何选择调制信号的频率。

根据式（2.27）可以知道，加载的调制信号的频率必须远大于外界扰动信号的频率，定位系统所需要检测的外界扰动信号的频率一般低于 4kHz，所以相位生成载波调制信号的频率至少要大于 40kHz。

由信号原理可知，将如图 2.12 所示的 $\Delta\varphi(t)$ 信号加载到调制频率为 ω_1 的信号上时，得到的信号如图 2.13 所示。

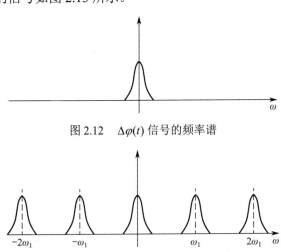

图 2.12 $\Delta\varphi(t)$ 信号的频率谱

图 2.13 $\Delta\varphi(t)$ 信号加载到调制频率为 ω_1 的信号上的频率谱

由图 2.13 可以看出，为避免调制后信号的频率发生混叠，调制信号的频率

ω 一定要远大于扰动信号 $\Delta\varphi(t)$ 的带宽，一般选取调制信号的频率大于外界扰动信号最高频率的 2 倍。此外，调制信号幅度与调制信号频率成正比，为了得到大的相位调制，也需要在 PZT 上加载频率较高的载波。

3. 调制信号幅度的确定

根据式（2.51）可知，为了减小输出结果对贝塞尔函数的依赖性，应选择合适的载波信号幅度，使 $J_1^2(C)$ 出现最大值，这样当 C 稍有变化时，系统最后输出结果的幅度变化不大。图 2.14 为第一类 n 阶贝塞尔函数展开的系数图，其中，横坐标 x 为相位调制的幅度，可以看出使 $J_1^2(C)$ 出现最大值时对应的 C 约为 1.84rad。

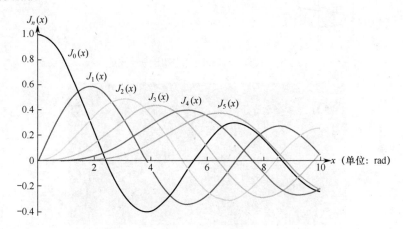

图 2.14 第一类 n 阶贝塞尔函数展开的系数图

当选定调制信号频率后，通过调节驱动 PZT 的载波信号幅度，使电信号作用在 PZT 上时，对传输光的相位改变幅度为 1.84rad，试验中调节驱动 PZT 的载波信号幅度时只加载波，则式（2.45）可表示为

$$I(t) = A + B\cos\left[\Delta\varphi(t) + \frac{2\pi}{3}\right] \tag{2.52}$$

式中，$\Delta\varphi(t) = C\cos(\omega t)$，为相位调制器产生的信号。由于当 $C = \pi$ rad 时，输出信号具有如图 2.15 所示的明显特征，因此很容易判定，可以先确定 $C = \pi$ rad 时加载的电信号的电压，再通过线性比例关系得到产生 $C = 1.84$rad 的信号时调制所需的驱动电压幅度。

利用信号发生器在相位调制器上加载 167kHz 的正弦波，并在观察光电检测器输出波形的同时调整信号发生器的输出幅度，当输出波形为 $C = \pi$ rad 时信号发生器的输出电压为 10V，输出波形如图 2.16 所示。根据相位调制器的线性变化，可计算得出当 $C=1.84\text{rad}$ 时信号发生器的输出电压为 5.86V，此时光电检测器的输出波形如图 2.17 所示。

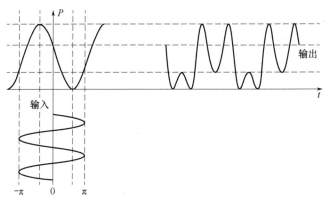

图 2.15　当 $C=\pi\,\text{rad}$ 时的输出信号波形

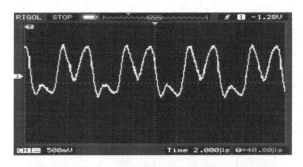

图 2.16　当 $C=\pi\,\text{rad}$ 时光电检测器的输出波形

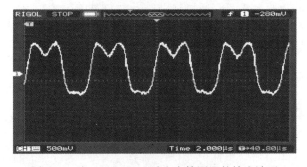

图 2.17　当 $C=1.84\text{rad}$ 时光电检测器的输出波形

2.3.2　相位生成载波的消散射作用分析

本章提出的系统在结构上使用单根光纤作为传感光纤，光纤自身不闭合，通过在光纤末端加一个反馈装置来构成干涉光路。根据前文对系统基本原理的

分析可知，该系统的特点是携带扰动位置信息的光是传输到光纤末端后经反馈装置反馈的光。根据图 2.7 可知，相干的光必须历经从感应光纤 6 的端点 5a 传输到反馈装置 13 再返回到感应光纤 6 这一过程，才能携带位置 l_1 的信息。然而，在实际应用中，受光纤的结构特点、光纤自身的缺陷等影响，光纤中存在散射光，如瑞利散射光等。这些散射光会影响有用干涉信号的纯度，从而对定位精度产生不利影响。在一般情况下，接点反射光、背向散射光产生的干涉强度明显小于反射光产生的干涉强度（有效干涉信号），对有效干涉信号不会产生明显的影响，l_1 的精度可以满足实际应用需求。但是，当被监测线路达到一定长度后，整个线路散射光的综合影响会很明显，这时可以观察到有效干涉信号已发生明显的畸变，因此系统无法正常获得有效干涉信号，系统的监测距离也因背向散射光受到了明显限制。

根据文献 [12]，利用相位生成载波技术可以有效地抑制传感光纤中背向散射光、接点反射光等对测量的影响，将有效信息从被严重干扰的信号中提取出来，能显著延长系统的监测距离。图 2.18 和图 2.19 是在 60km 处施加扰动信号时有无相位调制器的对比。

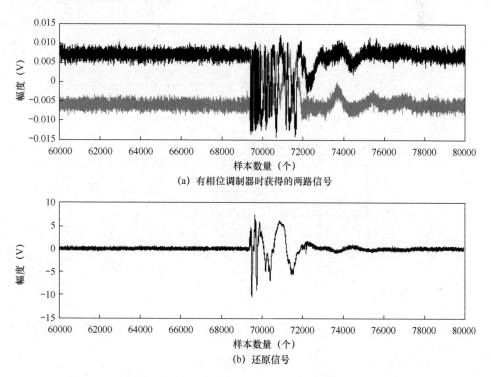

图 2.18　在 60km 处有相位调制器的信号

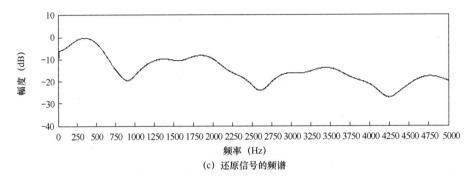

(c) 还原信号的频谱

图 2.18　在 60km 处有相位调制器的信号（续）

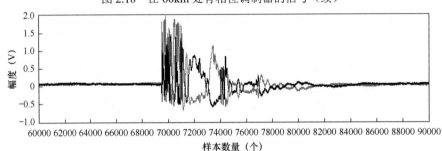

(a) 无相位调制器时的两路信号

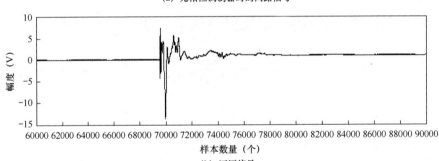

(b) 还原信号

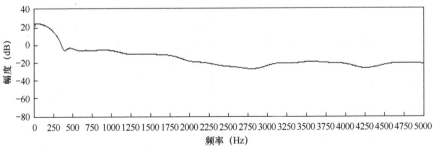

(c) 还原信号的频谱

图 2.19　在 60km 处无相位调制器的信号

从图 2.18 和图 2.19 可知，在传感光纤末端接入相位调制器后，可以延长系统的监测距离。这是由于加入载波后，在载波基频和倍频的边带上只含有扰动引起的相位变化信息，而传感光纤线路上的散射光引起的干涉由于没有相位载波的参与，其信号不会出现在载波基频和倍频的边带附近，不会干扰这些边带上所含的扰动信息。因此，利用相位生成载波技术可以有效地消除传感光纤中背向散射光、接点反射光等的影响，可以显著地延长系统的监测距离。

2.4 系统光路稳定性研究

光波产生干涉的条件之一是参与干涉的光的振动（偏振）方向要一致，如果相一致的偏振态只有一部分，则干涉对比度会减小。当它们垂直的时候，不会产生干涉，即偏振退化。本书分析的定位理论都是在假设干涉光为同振动方向线偏光的条件下得出的。由于分布式光纤传感系统的传感光纤长达数十千米，而目前保偏光纤及其配套器件相对于普通单模光纤而言价格昂贵，所以系统中使用的传感光纤均为普通单模光纤。实际系统中的普通单模光纤、光纤耦合器、反射元件等器件的不均匀性，光纤的几何形状弯曲等随机因素，以及其他非随机误差引起的光纤双折射效应的存在，都会使线偏光在普通单模光纤中传输时产生偏振退化现象[13]。偏振退化导致的非理想化干涉会降低干涉条纹的可见度，使待检测信号的幅度减小，甚至完全消失。因此，研究系统的偏振特性及采取相应的措施来保证系统干涉光路的稳定性是必不可少的[14]。本节将深入研究传感系统中光波偏振特性的影响，以寻求较好的解决方法。

2.4.1 光纤中光波的偏振态

单模光纤[15]中的双折射大致可以分为 3 种[16]：当微小扰动仅使光纤的两个正交线偏振模不再简并时，称为线性双折射；当微小扰动使左右旋圆偏振模不再简并时，称为圆双折射；当微小扰动使两个线偏振模和左右旋圆偏振模都不再简并时，称为椭圆双折射，椭圆双折射可看作圆双折射和线性双折射的叠加[17]。

导致单模光纤中光波的偏振态不稳定的因素有光纤本身的内部因素，也有光纤的外部因素。

1. 内部因素

用内部双折射 $\delta \beta_n$ 表示由光纤本身的内部因素引起的单模光纤中光波的偏振态的不稳定。

内部因素主要包括：由光纤截面几何形状畸变引起的波导形状双折射 $\delta \beta_{GE}$，

由光纤内部应力引起的应力双折射 $\delta\beta_{SE}$。因此，内部双折射 $\delta\beta_n$ 可以表示为

$$\delta\beta_n = \delta\beta_{GE} + \delta\beta_{SE} \tag{2.53}$$

1）波导形状双折射 $\delta\beta_{GE}$

在拉制光纤过程中，各种原因使纤芯由圆形变成椭圆形，这时就会产生波导形状双折射。设椭圆纤芯的长轴、短轴的长度分别为 a、b，光纤中两个正交线偏振本征态分别沿长轴、短轴振动。这两个正交线偏振光的相位差可表示为

$$\delta\beta_{GE} = \frac{e^2}{8a}(2\Delta)^{3/2} f(V) \tag{2.54}$$

式中，$e = \sqrt{1-(b/a)^2}$，为纤芯的椭圆度；Δ 为光纤的相对折射率差；V 为归一化频率。

若光纤工作在截止状态（$V \approx 2.4$），当 $(a/b-1) \ll 1$ 时，$f(V) \approx 1$，则有

$$\delta\beta_{GE} = \frac{e^2}{8a}(2\Delta)^{3/2} \tag{2.55}$$

对于单模光纤，若 $\Delta = 0.003$，$a = 2.5\mu m$，$b/a = 0.975$，则可以得到 $\delta\beta_{GE} \leqslant 66°/m$。

2）应力双折射 $\delta\beta_{SE}$

光纤是由纤芯、包层等数层结构组成的，各层掺杂材料的不同导致热膨胀系数也不相同。因此，在光纤横截面上很小的热力不对称将会产生很大的应力不平衡，最终导致纤芯的各向异性，从而引起应力双折射。设两个正交方向间的应力差为 σ，则有

$$\delta\beta_{SE} = \frac{\pi n^3}{\lambda E}(1+\rho)(p_{12} - p_{11})\sigma \tag{2.56}$$

式中，E 是材料的杨氏模量，ρ 为泊松比，p_{12}、p_{11} 为弹光系数。

2. 外部因素

外部因素也会影响单模光纤中光波的偏振态的稳定性。外部因素较多，外部双折射表达式各不相同。外部因素使光纤双折射特性变化的原因是其产生了新的各向异性。例如，光纤在成缆、施工过程中会受到弯曲、振动、受压、扭绞等机械力的作用。此外，光纤也可能工作在强电场或强磁场及温度经常变化的环境下。在磁场的作用下，光纤会产生法拉第效应；在外部机械力的作用下，光纤会产生光弹效应；在外加电场作用下，光纤会产生克尔效应。这些效应都会使光纤产生新的各向异性，进而产生外部双折射。

设光纤外直径为 A，若其弯曲半径 $R \gg A$，则微小弯曲产生的应力差为

$$\sigma = A^2 E / (2R^2) \tag{2.57}$$

由式（2.56）可得由此产生的双折射为

$$\delta\beta_{SE} = \frac{\pi n^3}{2\lambda}(1+\rho)(p_{12} - p_{11})\left(\frac{A}{R}\right)^2 \tag{2.58}$$

1）外加电场

对光纤施加横向电场时，通过克尔效应引入的线性双折射为

$$B_E = KE_K^2 \tag{2.59}$$

式中，E_K 为电场的振幅，$K = 2 \times 10^{-22}\,\text{m}^2/\text{A}$ 是二氧化硅的归一化克尔效应常数。

2）外加磁场

对光纤沿纵轴施加磁场时，通过法拉第效应引入的圆双折射为

$$\delta\beta_h = 2V_f H_f \tag{2.60}$$

式中，H_f 为磁场的振幅，$V_f = 4.6 \times 10^{-6}\,\text{rad/V}^2$ 是二氧化硅的费尔德常数。

综上所述，光纤的截面形状，内部应力的不对称性，外力导致的弯曲、侧压扭转，外加电磁场的影响，都会使光纤材料产生双折射。

光路系统中的干涉信号极易受系统偏振特性的影响，在极端情况下甚至会导致系统无法实现定位功能。对于整个光路系统来说，非感应段光纤状态可以长期处在较稳定的状态。但是，对于感应段光纤，它的偏振特性必须在施工完成后才能确定，这增加了光路系统现场调试的难度。同时，由于感应段光纤通常处在相对不稳定的环境中，例如，环境温度变化改变光纤内部应力分布，人为外力作用改变光纤的位置，等等，都会影响感应段光纤的偏振特性，从而导致光路系统工作状态发生改变，增加了光路系统维护的难度。因此，为了提高光路系统的实用性，本书接下来对感应段光纤的偏振特性对光路系统的影响进行了分析研究。

2.4.2 系统的偏振稳定性分析

感应段光纤对光波的偏振特性的影响可以用琼斯矩阵来描述。琼斯矩阵是纤维光学中分析单模光纤偏振模传输特性的有效数学工具之一，特别是在传感和测量应用领域。本节将在建立各个光学元件琼斯矩阵的基础上，对系统基本结构中的传感光路系统的偏振特性进行分析。

外界干扰（如温度变化、振动等）引起的双折射一般都具有互易性。设光纤中传导光波沿着单一方向从位置 1 到位置 2，描述偏振特性变化的传输矩阵为 $\boldsymbol{B}_{12}$；同样，沿相反方向从位置 2 到位置 1，描述偏振特性变化的传输矩阵为 $\boldsymbol{B}_{12}$，

如果外界干扰引起的双折射表现互易性，那么两个琼斯矩阵的关系为 $\boldsymbol{B}_{21} = \boldsymbol{B}_{12}^{\mathrm{T}}$，其中，上标 T 表示矩阵的转置。以下计算均假定系统发生互易性双折射。

系统结构如图 2.2 所示。由于两个反射端反射回来的光互不干涉，因此，在偏振稳定性分析时将系统简化为单一反射端，如图 2.20 所示。传统来看，光反馈装置采用的是光纤端面镀膜形成的反射面或平面镜。

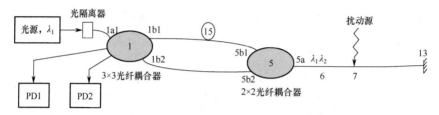

图 2.20　分布式光纤传感系统的简化结构

在如图 2.20 所示的分布式光纤传感系统中，为简化分析过程，不考虑相位调制器和波分复用器对光偏振特性的影响。此外，光隔离器、3×3 光纤耦合器和 2×2 光纤耦合器等一般是偏振无关的，延迟光纤的长度相对传感光纤较短，忽略这几个部分对传输光偏振特性的影响；同时，为了便于分析，可以把分布在传感光纤上的双折射集中用一个等价双折射原件 B 来表示，这样就可以将光纤还原为没有双折射的理想均匀光纤。简化的分布式光纤传感系统偏振光路可用图 2.21 表示。

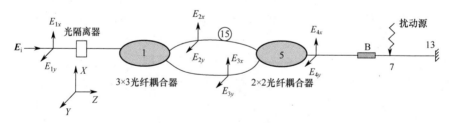

图 2.21　简化的分布式光纤传感系统偏振光路

设等价双折射元件 B 的旋转角为 θ，延迟角为 ζ，寻常光轴和非寻常光轴的场传输系数为 T_{e} 和 T_{o}，则等价双折射元件的琼斯矩阵可表示为[18]

$$\boldsymbol{B} = \begin{bmatrix} B_{XX} & B_{XY} \\ B_{YX} & B_{YY} \end{bmatrix} \tag{2.61}$$

式中

$$B_{XX} = T_{\mathrm{e}} \mathrm{e}^{\mathrm{j}\zeta} \sin^2 \theta + T_{\mathrm{o}} \cos^2 \theta \tag{2.62}$$

$$B_{XY} = B_{YX} = (T_{\mathrm{e}} \mathrm{e}^{\mathrm{j}\zeta} - T_{\mathrm{o}}) \cos\theta \sin\theta \tag{2.63}$$

$$B_{YY} = T_e e^{j\varsigma} \cos^2\theta + T_o \sin^2\theta \tag{2.64}$$

假设双折射表现互易性，则当光波在传感光纤中背向传输时，相应的变换矩阵为 $\boldsymbol{B}^T$。

在不考虑插入损耗和附加损耗的情况下，当 2×2 光纤耦合器的分光比为 1∶1 时，琼斯矩阵表示为[18]

$$\boldsymbol{K}_S = \begin{bmatrix} \dfrac{\sqrt{2}}{2} & 0 \\ 0 & \dfrac{\sqrt{2}}{2} \end{bmatrix}, \quad \boldsymbol{K}_A = \begin{bmatrix} i\dfrac{\sqrt{2}}{2} & 0 \\ 0 & i\dfrac{\sqrt{2}}{2} \end{bmatrix} \tag{2.65}$$

式中，$\boldsymbol{K}_S$、$\boldsymbol{K}_A$ 分别为直接耦合时的琼斯矩阵和跨接耦合时的琼斯矩阵。

在不考虑插入损耗和附加损耗的情况下，当 3×3 光纤耦合器的分光比为 1∶1∶1 时，琼斯矩阵表示为

$$\boldsymbol{K}_{mn} = \begin{bmatrix} \dfrac{\sqrt{3}}{3} & 0 \\ 0 & \dfrac{\sqrt{3}}{3} \end{bmatrix} \quad m = n, \ 直接耦合 \tag{2.66}$$

$$\boldsymbol{K}_{mn} = \begin{bmatrix} \dfrac{\sqrt{3}}{3}e^{i\frac{2\pi}{3}} & 0 \\ 0 & \dfrac{\sqrt{3}}{3}e^{i\frac{2\pi}{3}} \end{bmatrix} \quad m \neq n, \ 跨接耦合 \tag{2.67}$$

假设光纤耦合器是偏振独立的，则两个输出端将平均分配输入端的光功率。

本章提出的分布式光纤传感定位系统，使用了反射元件。反射元件的功能是将沿着传感光纤传输的光反射回传感系统中，并在光纤耦合器中发生干涉，因此可以选择偏振无关的反射镜实现该功能。反射镜在考虑半波损失的前提下，琼斯矩阵可以表示为

$$\boldsymbol{M} = \begin{bmatrix} -1 & 0 \\ 0 & -1 \end{bmatrix} \tag{2.68}$$

设光源输出表示为 $\boldsymbol{E}_i = [E_x, E_y]^T$，当有振动信号作用于传感光纤时，可以将每个光电检测器上两束光的相位差统一利用各元件的琼斯矩阵表示，则传感器的干涉输出表示为

$$\boldsymbol{E}_o = [\boldsymbol{K}_{mn}\boldsymbol{K}_S\boldsymbol{B}^T e^{i\varphi(t-\tau_2)}\boldsymbol{M}e^{i\varphi(t-\tau_1)}\boldsymbol{B}\boldsymbol{K}_A\boldsymbol{K}_{mn} + \boldsymbol{K}_{mn}\boldsymbol{K}_A\boldsymbol{B}^T e^{i\varphi(t-\tau_4)}\boldsymbol{M}e^{i\varphi(t-\tau_3)}\boldsymbol{B}\boldsymbol{K}_S\boldsymbol{K}_{mn}]\boldsymbol{E}_i \tag{2.69}$$

式中，第 1 项表示光波经过 3×3 光纤耦合器，直接到达 2×2 光纤耦合器，经过

传感光纤，在传感光纤末端被反射元件反射后，到达 2×2 光纤耦合器，然后经过时延线圈到达 3×3 光纤耦合器输出端时的琼斯矩阵；第 2 项表示光波经过 3×3 光纤耦合器，先通过时延线圈，到达 2×2 光纤耦合器，经过传感光纤，被传感光纤末端的反射元件反射后，经 2×2 光纤耦合器直接到达 3×3 光纤耦合器输出端时的琼斯矩阵。

各耦合器都是偏振无关的，设

$$K = K_{mn} K_{S} K_{A} K_{mn} \tag{2.70}$$

两束光之间的相位差不仅与外部振动作用的大小有关，而且与振动作用的位置 l_1 有关，有

$$\Delta \varphi(t, l_1) = \varphi(t - \tau_1) + \varphi(t - \tau_2) - \varphi(t - \tau_3) - \varphi(t - \tau_4) \tag{2.71}$$

式中，$\varphi(t - \tau_1)$ 和 $\varphi(t - \tau_2)$ 表示第 1 束相干光在 $t - \tau_1$ 时刻和 $t - \tau_2$ 时刻受到扰动所发生的相位变化，$\varphi(t - \tau_3)$ 和 $\varphi(t - \tau_4)$ 表示第 2 束相干光在 $t - \tau_3$ 时刻和 $t - \tau_4$ 时刻受到扰动所发生的相位变化。τ_1、τ_2、τ_3、τ_4 的定义如式（2.19）所示。

式（2.69）可表示为

$$\begin{aligned}
E_{o} &= K[B^{T} e^{i\varphi(t-\tau_2)} M e^{i\varphi(t-\tau_1)} B + B^{T} e^{i\varphi(t-\tau_4)} M e^{i\varphi(t-\tau_3)} B] E_{i} \\
&= K'[B^{T} M B + e^{i\Delta\varphi(t,l_1)} B^{T} M B] E_{i}
\end{aligned} \tag{2.72}$$

在基于干涉原理的分布式光纤传感系统中，两束光之间的相位差反映了外部振动信号的变化，在不考虑偏振时，其是一个定值。然而，在实际系统中，光纤的双折射会使传输光的偏振特性发生变化，光纤耦合器输出的干涉信号也会发生变化，从而使系统的功率发生相应的变化，这就是偏振衰落。因此，要分析光纤传感系统由于双折射引起的偏振衰落问题，可以转化为分析在输入光的不同偏振特性和等价双折射元件下系统功率的变化[19]。

输入光的功率为

$$P_{i} = E_{i}^{*} \cdot E_{i} \tag{2.73}$$

式中，* 表示共轭转置。

输出光的功率为

$$P_{o} = E_{o}^{*} \cdot E_{o} \tag{2.74}$$

当光在光纤中传输时，为简化分析，设在光轴上的光没有损耗，此时有

$$T_{e} = T_{o} = 1 \tag{2.75}$$

则等效双折射元件的琼斯矩阵可表示为

$$B_{1} = \begin{bmatrix} B_{1XX} & B_{1XY} \\ B_{1YX} & B_{1YY} \end{bmatrix} \tag{2.76}$$

$$B_{1XX} = e^{j\zeta} \sin^{2} \theta + \cos^{2} \theta \tag{2.77}$$

$$B_{1XY} = B_{1YX} = (e^{j\zeta} - 1) \cos \theta \sin \theta \tag{2.78}$$

$$B_{1YY} = e^{j\zeta}\cos^2\theta + \sin^2\theta \tag{2.79}$$

式中，$B_{1YY} = B_{1XX}^*$，$B_{1YX} = -B_{1XY}^*$。

因而有

$$\boldsymbol{B}_1 = \begin{bmatrix} B_{1XX} & B_{1XY} \\ -B_{1XY}^* & B_{1XX}^* \end{bmatrix} \tag{2.80}$$

当反射镜的琼斯矩阵为 $\boldsymbol{M}$ 时，令

$$\boldsymbol{J}_1 = \boldsymbol{B}_1^{\mathrm{T}}\boldsymbol{M}\boldsymbol{B}_1 = \boldsymbol{B}_1^{\mathrm{T}}\boldsymbol{B}_1 = \boldsymbol{J}_1^{\mathrm{T}} \tag{2.81}$$

则有

$$\begin{aligned} \boldsymbol{E}_{\mathrm{o}} &= \boldsymbol{K}'[\boldsymbol{B}^{\mathrm{T}}\boldsymbol{M}\boldsymbol{B} + e^{i\Delta\varphi(t,l_2)}\boldsymbol{B}^{\mathrm{T}}\boldsymbol{M}\boldsymbol{B}]\boldsymbol{E}_{\mathrm{i}} \\ &= \boldsymbol{K}'[\boldsymbol{J}_1 + e^{i\Delta\varphi(t,l_2)}\boldsymbol{J}_1^{\mathrm{T}}]\boldsymbol{E}_{\mathrm{i}} \end{aligned} \tag{2.82}$$

可得

$$\begin{aligned} P = \boldsymbol{K}'^2\Big[&1 + \cos(\Delta\varphi(t,l_1))\Big(|B_{1XX}|^2 - \mathrm{Re}\big(B_{1XY}^2\big)\Big) - \\ &\sin(\Delta\varphi(t,l_1))\Big(k_a\,\mathrm{Im}\big(B_{1XY}^2\big) + 4\,\mathrm{Im}\big(k_b B_{1XX}^*\big)\mathrm{Re}\big(B_{1XY}\big)\Big)\Big]P_{\mathrm{i}} \end{aligned} \tag{2.83}$$

式中，$k_a = \dfrac{|\boldsymbol{E}_X|^2 - |\boldsymbol{E}_Y|^2}{|\boldsymbol{E}_X|^2 + |\boldsymbol{E}_Y|^2}$，$k_b = \dfrac{\boldsymbol{E}_X^*\boldsymbol{E}_Y}{|\boldsymbol{E}_X|^2 + |\boldsymbol{E}_Y|^2}$。

因此，P 可以表示为

$$P = \boldsymbol{K}'^2[1 + \sqrt{A^2 + B^2}\cos(\Delta\varphi(t,l_2) + \theta)]P_{\mathrm{i}} \tag{2.84}$$

式中

$$A = |B_{1XX}|^2 - \mathrm{Re}(B_{1XY}^2), \quad B = k_a\,\mathrm{Im}(B_{1XY}^2) + 4\,\mathrm{Im}(k_b B_{1XX}^*)\mathrm{Re}(B_{1XY}), \quad \tan\theta = \frac{B}{A}$$

设输入为线偏振光，选取坐标轴使 $\boldsymbol{E}_Y = 0$，则有

$$\begin{aligned} P &= \boldsymbol{K}'^2 P_{\mathrm{i}}\Big[1 + \sqrt{1 - 2\,\mathrm{Re}\big(B_{1XY}^2\big)|B_{1XX}|^2}\cos(\Delta\varphi(t,l_2) + \theta)\Big] \\ &= \boldsymbol{K}'^2 P_{\mathrm{i}}\big[1 + k\cos(\Delta\varphi(t,l_2) + \theta)\big] \end{aligned} \tag{2.85}$$

其中，$\tan\theta = \dfrac{|B_{1XX}|^2 - \mathrm{Re}(B_{1XY}^2)}{\mathrm{Im}(B_{1XY}^2)}$，$k = \sqrt{1 - 2\,\mathrm{Re}(B_{1XY}^2)|B_{1XX}|^2}$。

从式（2.84）、式（2.85）可以看出，B_{1XX}、B_{1XY} 发生变化，会引起调制深度 k 和系统初始相位 θ 的变化。也就是说，当感应光纤偏振特性发生变化时，k 和 θ 也会发生相应的变化，从而使系统的光强发生变化。在 k 几乎为零的极端情况下，干涉条纹近乎消失，系统不能正常工作，因而必须采取相应的偏

振控制措施。

1. 干涉光路偏振稳定措施

对于整个光路系统来说,非感应段光纤的状态可以长期处在较稳定的状态。因此,在实际应用时可以在非感应段光纤采取适当的偏振控制措施,调节光路的偏振特性,使系统的干涉对比度达到最佳。目前,国内外解决偏振衰落问题的方法主要为:利用偏振控制器控制输入光波的偏振特性[20,21],采用保偏光纤的偏振控制技术。

本光路系统采用偏振控制器调节干涉对比度,从而使系统在最佳状态下工作。

2. 传感光路偏振稳定措施

感应段光纤通常处在相对不稳定的环境中,例如,环境温度变化改变光纤内部应力分布,人为外力作用改变光纤的位置,等等,都会影响感应段光纤的偏振特性,因而需要采取措施消除这种影响。为了减小感应段光纤偏振特性的影响,本光路系统使用法拉第旋转镜代替反射镜,下面对此进行分析和讨论。

法拉第旋转镜的琼斯矩阵为

$$M = \begin{bmatrix} 0 & 1 \\ -1 & 0 \end{bmatrix}$$

有

$$J_1 = B_1^{\mathrm{T}} M B_1 = \begin{bmatrix} B_{1XX} & B_{1XY} \\ -B_{1XY}^* & B_{1XX}^* \end{bmatrix}^{\mathrm{T}} \begin{bmatrix} 0 & 1 \\ -1 & 0 \end{bmatrix} \begin{bmatrix} B_{1XX} & B_{1XY} \\ -B_{1XY}^* & B_{1XX}^* \end{bmatrix} = \begin{bmatrix} 0 & 1 \\ -1 & 0 \end{bmatrix} \quad (2.86)$$

此时有

$$\begin{aligned} E_{\mathrm{o}} &= K' \left[\begin{bmatrix} 0 & 1 \\ -1 & 0 \end{bmatrix} + \mathrm{e}^{\mathrm{i}\Delta\varphi(t, l_1)} \begin{bmatrix} 0 & 1 \\ -1 & 0 \end{bmatrix} \right] E_{\mathrm{i}} \\ &= \mathrm{e}^{\mathrm{i}\frac{\pi}{2}} \cdot K' \left[\begin{bmatrix} 0 & 1 \\ -1 & 0 \end{bmatrix} \mathrm{e}^{-\mathrm{i}\frac{\pi}{2}} + \begin{bmatrix} 0 & 1 \\ -1 & 0 \end{bmatrix} \mathrm{e}^{\mathrm{i}\left(\Delta\varphi(t, l_1) - \frac{\pi}{2}\right)} \right] E_{\mathrm{i}} \end{aligned} \quad (2.87)$$

可以看出,式(2.87)和式(2.82)的基本形式是一致的,在计算光强时,只是初始相位中多了个 $-\pi/2$ 项($\mathrm{e}^{\mathrm{i}\frac{\pi}{2}}$ 不会影响计算结果)。显然,B_1 的变化,即感应光纤偏振特性的变化不会影响系统的干涉结果。

从以上分析可知,光反射端使用法拉第旋转镜可以有效地提高系统的偏振稳定性,这解决了因外界环境因素引起的偏振特性变化导致干涉条纹不明显的问题。

参 考 文 献

[1] 陈凌. 基于光纤波分复用的时频信号分发传输技术[J]. 电子技术应用, 2022, 48 (8): 90-94, 100.

[2] S. Park, J. Lee, Y. Kim, B. H. Lee. Nanometer-Scale Vibration Measurement Using an Optical Quadrature Interferometer Based on 3×3 Fiber-Optic Coupler[J]. Sensors, 2020, 20, 2665.

[3] G. Bawa and S. M. Tripathi. Refractive Index Sensing Free From Critical Wavelength Referencing Using Fiber-Optic Directional Coupler[J]. Journal of Lightwave Technology, 2022, 40(1): 284-290.

[4] X. Zhang, J. Lu and Y. Yu. Seawater Temperature Sensing of Sagnac Fiber Optic Interferometer Based on PDMS Encapsulated Optical Microfiber Coupler[C]. 2021 Photonics & Electromagnetics Research Symposium (PIERS), Hangzhou, China, 2021, 839-843.

[5] 王宇, 郭柴旺, 王俊虹, 梁斌, 白清, 刘昕, 靳宝全. Φ-OTDR 系统非对称光纤耦合器相位解调方法研究[J]. 电子测量与仪器学报, 2023, 37 (1): 149-156.

[6] 罗义军, 尹棋, 李劲. 基于递推最小二乘算法的光纤振动定位系统[J]. 激光技术, 2020, 44 (2): 161-166.

[7] J. Wu, et al. Intrusion Location Technology of Sagnac Distributed Fiber Optical Sensing System Based on Deep Learning[J]. IEEE Sensors Journal, 2021, 21(12): 13327-13334.

[8] B. Budiansky, D. C. Drucker, G. S. Kino, and J. R. Rice. Pressure sensitivity of a clad optical fiber[J]. Applied Optics, 1979, 18(24): 4085-4088.

[9] 吴健华. 全光纤微电流传感器研究进展[J]. 激光与光电子学进展, 2022, 59(17): 54-64.

[10] Y. Sun, H. Li, C. Fan, B. Yan, J. Chen, Z. Yan, Q. Sun. Review of a Specialty Fiber for Distributed Acoustic Sensing Technology[J]. Photonics, 2022, 9(5): 277-300.

[11] 肖倩, 贾波, 吴媛, 卞庞. 用于单芯光纤传感的特性相位生成载波技术[J]. 仪器仪表学报, 2014, 35 (01): 36-42.

[12] Y. Gong, et al. Improved Algorithm for Phase Generation Carrier to Eliminate the Influence of Modulation Depth with Multi-Harmonics Frequency Mixing[J]. Journal of Lightwave Technology, 41(5): 1357-1363.

[13] Y. Zheng, Z. Han, R. Zhu. Large divergence fiber-coupled single-mode light source for laser interferometer[J]. Optics Communications, 2020, 474(1).

[14] 禹化龙, 王石语, 吴嘉宸. 大功率激光单模光纤远距离传输的注入光纤光功率限值分析[J]. 计算物理, 2022, 39 (02): 173-178.

[15] S. Zhang, et al. A Compact Refractometer with High Sensitivity Based on Multimode Fiber Embedded Single Mode: No Core-Single Mode Fiber Structure[J]. Journal of Lightwave

Technology, 2020, 38(7): 1929-1935.

[16] 廖延彪. 偏振光学[M]．北京：科学出版社，2003．

[17] D. B. Mortimore. Fiber Loop Reflectors[J]. Journal of Lightwave Technology, 1988, 6(12): 1217-1224.

[18] X. Wei, S. Nie. Jones Vector Analyses of Polarized Light and Polarized Elements[J]. Journal of Nanjing Normal University (Natural Science), 2001, 24(3): 58-60.

[19] J. Tan, W. Chen, Y. Fu. A Research on Polarization Effects in the Single Distributed Optical Fiber Sensor Based on Sagnac Interferometer[J]. Acta Photonica Sinica, 2007, 36(3): 492-496.

[20] X. Wang, C. Zhao, H. Wu, R. Liao, W. Chen, and M. Tang. Fading-Free Polarization-Sensitive Optical Fiber Sensing[J]. Opt. Express, 2020, 28, 37334-37342.

[21] 刘文，丁朋，黄俊斌，顾宏灿，姚高飞. 弱光纤布拉格光栅阵列的偏振补偿解调[J]. 激光与光电子学进展，2022，59（07）：108-114.

第3章

基于时延估计的分布式光纤振动传感系统及定位原理

3.1 单芯分布式光纤振动传感系统结构

单芯分布式光纤振动传感系统[1]的定位原理如图 3.1 所示。该系统采用的是超辐射发光二极管（Super Luminescent Diode，SLD）光源，A、D、F、D1、F1是分光比为 1∶1 的 2×2 光纤耦合器，B、H 是分光比为 1∶1∶1 的 3×3 光纤耦合器，C、G 为光纤时延线圈，光路的输出端接同型号的光电检测器。该系统在传感光纤末端设置法拉第旋转镜，不仅可以消除传感光纤固有的圆双折射和线性双折射的影响，而且可以消除其他因素（如温度引起的互易性双折射）的影响。系统的定位功能通过由 2 个单芯光纤干涉仪构成的分布式光纤传感器来完成，光纤时延线圈 C、G 长度相同，系统具有对称结构，以保证 2 个定位光路受到相同的作用。2 个传感器共用光纤 1–4 段，其中，1–2 段和 3–4 段长度相同，均为 L_3，2–4 段作为传感光纤，外部扰动信号作用在此段光纤上，E 为扰动源。

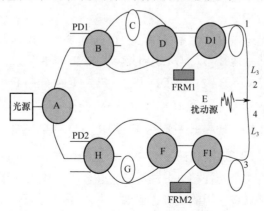

图 3.1　单芯分布式光纤振动传感系统的定位原理

在图 3.1 中，相干长度为微米量级的光源发出的光，通过光隔离器 I 经 2×2 光纤耦合器 A 均分后，分别到达 3×3 光纤耦合器 B、H 处（光纤耦合器 A 的作用是为 B、H 提供光输入）进行均分，分别供给两个完全对称的单芯分布式光纤干涉系统，然后经 2×2 光纤耦合器均分后在传感光纤中传输，经法拉第旋转镜（FRM1、FRM2）反射后，再次经 2×2 光纤耦合器和 3×3 光纤耦合器，在 3×3 光纤耦合器内形成干涉，将光相位信号转化为光强信号，通过光电检测器（PD1、PD2）检测后进行信号处理。由于单芯分布式光纤振动传感系统属于相位调制型系统，因而只有形成干涉的光才能够携带扰动源的相位信息。光纤耦合器 B 处两束干涉光的传播路径分别如下。

路径 1：

A → B → C → D → D1 → E → F1 → FRM2 → F1 → E → D1 → D → B

路径 2：

A → B → D → D1 → E → F1 → FRM2 → F1 → E → D1 → D → C → B

路径 1 和路径 2 传输的两束光经过扰动源的时间不同，但在光路中传播的路径长度相同，符合干涉仪零光程差的特点，并在 3×3 光纤耦合器 B 内发生干涉，形成了一个干涉环路，记为 SI^1。

同理，光纤耦合器 H 处两束干涉光的传播路径分别如下。

路径 3：

A → H → G → F → F1 → E → D1 → FRM1 → D1 → E → F1 → F → H

路径 4：

A → H → F → F1 → E → D1 → FRM1 → D1 → E → F1 → F → G → H

路径 3 和路径 4 传输的两束光在 3×3 光纤耦合器 H 内发生干涉，形成另一个干涉环路，记为 SI^2。

单芯分布式光纤振动传感系统中还存在以下 4 个光程相近的两组路径：

$$\begin{cases} A \to B \to C \to D \to D1 \to E \to F1 \to F \to H \\ A \to B \to D \to D1 \to E \to F1 \to F \to G \to H \end{cases}$$

$$\begin{cases} A \to H \to G \to F \to F1 \to E \to D1 \to D \to B \\ A \to H \to F \to F1 \to E \to D1 \to D \to C \to B \end{cases}$$

在单芯分布式光纤振动传感系统中，希望仅存在 SI^1 和 SI^2 两种干涉环路，因此必须保证上述 4 个光程相近的两组路径传输的光不发生干涉。由于单芯分布式光纤振动传感系统采用的是宽谱光源，其相干长度只有几十微米，因此很容易实现这两组路径的不相干。

3.2 单芯分布式光纤振动传感系统定位原理

利用单芯分布式光纤振动传感系统进行定位的原理是，当有外界扰动信号作用在传感光纤上时，传感光纤的长度和折射率等光学传输特性将发生变化[2]，从而使传感光纤中传输光的相位发生变化，经调制后的两束光在光纤耦合器处发生干涉[3]。SI[1] 和 SI[2] 结构对称、原理相同，这里先讨论 SI[1]。

两束相干光都经过扰动源，因此均被扰动信号调制，从 3×3 光纤耦合器 B 输出的两束光分别为

$$E_1 = E_{10} e^{j[\omega_c t + \varphi(t-\tau_1) + \varphi(t-\tau_2) + \phi_1]} \tag{3.1}$$

$$E_2 = E_{20} e^{j[\omega_c t + \varphi(t-\tau_3) + \varphi(t-\tau_4) + \phi_2]} \tag{3.2}$$

这两束光的相位变化包含扰动信号对它的影响。其中，E_{10} 和 E_{20} 分别为两束光的振幅，可认为它们近似相等，即 $E_{10} \approx E_{20}$；ϕ_1、ϕ_2 为两束光的初始相位；ω_c 为光波角频率；$\varphi(t-\tau_1)$ 和 $\varphi(t-\tau_2)$ 表示第一束相干光在 $t-\tau_1$ 时刻和 $t-\tau_2$ 时刻受到扰动所发生的相位变化，τ_1 表示光从扰动源到达光纤耦合器 B 输出端所需时间，τ_2 表示光从扰动源经法拉第旋转镜 FRM2，再次通过泄露点到达光纤耦合器 B 输出端所需时间；同理，$\varphi(t-\tau_3)$ 和 $\varphi(t-\tau_4)$ 表示第二束相干光在 $t-\tau_3$ 时刻和 $t-\tau_4$ 时刻受到扰动所发生的相位变化，τ_3 表示光经过光纤时延线圈后从扰动源到达光纤耦合器 B 输出端所需时间，τ_4 表示光经过光纤时延线圈后从扰动点经法拉第旋转镜 FRM2，再次通过泄露点到达光纤耦合器 B 输出端所需时间。τ_1、τ_2、τ_3、τ_4 分别表示为

$$\tau_1 = \frac{nL_1}{c}, \qquad \tau_2 = \frac{n(L_1 + 2L_2)}{c}$$
$$\tau_3 = \frac{n(L_d + L_1)}{c}, \qquad \tau_4 = \frac{n(L_d + L_1 + 2L_2)}{c} \tag{3.3}$$

式中，L_1 表示从 2 到扰动源 E 的距离；L_2 表示从扰动源 E 到 3 的距离；光纤时延线圈 C、G 的时延近似相等，长度为 L_d。

式（3.1）和式（3.2）所表示的相干光在光纤耦合器 B 输出端产生干涉，其光强可表示为

$$I_{12} = (E_1 + E_2) \cdot (E_1 + E_2)^*$$
$$= 2E_{10}^2 \{1 + \cos[\varphi(t-\tau_1) + \varphi(t-\tau_2) - \varphi(t-\tau_3) - \varphi(t-\tau_4) + \phi_1 - \phi_2]\} \tag{3.4}$$
$$= 2E_{10}^2 \{1 + \cos[\Delta\varphi_1(t) + \phi_1 - \phi_2]\}$$

用模拟或数字的方法滤除式（3.4）中的直流部分，余下的干涉项可表示为

$$I_{12} = 2E_{10}^2 \cos[\Delta\varphi_1(t) + \phi_1 - \phi_2] \tag{3.5}$$

因而，端口 a 的输出信号经光电转换后的干涉项可表示为

$$I_a = k_a \cos[\Delta\varphi_1(t) + \phi_1] \tag{3.6}$$

式中，k_a 为与光强、光路结构、光电转换等参数相关的常数，ϕ_1 为初始相位。

同理，可知端口 b、c、d 输出信号经光电转换后的干涉项分别为

$$I_b = k_a \cos[\Delta\varphi_1(t) + \phi_2] \tag{3.7}$$

$$I_c = k_b \cos[\Delta\varphi_2(t) + \phi_1] \tag{3.8}$$

$$I_d = k_b \cos[\Delta\varphi_1(t) + \phi_2] \tag{3.9}$$

式中，k_b 为与光强、光路结构、光电转换等参数相关的常数；ϕ_2 为初始相位；$\Delta\varphi_1(t)$ 为 SI[1] 中外部扰动引起的总相位变化，表示为

$$
\begin{aligned}
\Delta\varphi_1(t) &= \varphi(t-\tau_1) + \varphi(t-\tau_2) - \varphi(t-\tau_3) - \varphi(t-\tau_4) \\
&= \varphi\left(t - \frac{nL}{c}\right) + \varphi\left[t - \frac{n(L_1 + 2L_2)}{c}\right] - \varphi\left[t - \frac{n(L_d + L_1)}{c}\right] - \varphi\left[t - \frac{n(L_d + L_1 + 2L_2)}{c}\right] \\
&= \theta\left(t - \frac{nL_1}{c}\right) + \theta\left(t - \frac{nL_1}{c} - \frac{2nL_2}{c}\right)
\end{aligned}
\tag{3.10}
$$

其中，$\theta(t) = \varphi\left(t - \frac{nL_d}{c}\right) - \varphi(t)$

同理，SI[2] 中外部扰动引起的总相位变化 $\Delta\varphi_2(t)$ 可表示为

$$\Delta\varphi_2(t) = \theta\left(t - \frac{nL_2}{c}\right) + \theta\left(t - \frac{nL_2}{c} - \frac{2nL_1}{c}\right) \tag{3.11}$$

设 $L_{\min} = \min(L_1, L_2)$，考察部分 $\Delta\varphi_1(t)$ 和 $\Delta\varphi_2(t)$ 时域信号 $\Delta\varphi_{1p}(t)$ 和 $\Delta\varphi_{2p}(t)$，有

$$
\Delta\varphi_{1p}(t) = \begin{cases} \Delta\varphi_1(t), & t \in \left[\dfrac{nL_1}{c}, \dfrac{n(L_1 + 2L_{\min})}{c}\right] \\ 0, & \text{其他} \end{cases}
\tag{3.12}
$$

$$
\Delta\varphi_{2p}(t) = \begin{cases} \Delta\varphi_2(t), & t \in \left[\dfrac{nL_2}{c}, \dfrac{n(L_2 + 2L_{\min})}{c}\right] \\ 0, & \text{其他} \end{cases}
\tag{3.13}
$$

可以看出这两个信号之间存在时延关系，即

$$\Delta\varphi_{2p}(t) = \Delta\varphi_{1p}\left(t - \frac{nL_2 - nL_1}{c}\right) \tag{3.14}$$

因此，可以对相位差 $\Delta\varphi_{1p}(t)$、$\Delta\varphi_{2p}(t)$ 信号采用时延估计方法，获得 $\dfrac{n(L_2 - L_1)}{c}$，结合 L_1、L_2 两段的总长度，可以确定扰动的发生位置。相位信息 $\Delta\varphi_1(t)$ 可以从端口 a、b 输出的干涉信号经相位还原算法获得，相位信息 $\Delta\varphi_2(t)$ 也可以从端口 c、d 输出的干涉信号经相位还原算法获得。可以直接对干涉信号采用时延估计方法，获得时延，进而确定扰动位置，这是由于相位差时延关系决定了干涉信号之间也满足相应的时延关系。

从式（3.10）、式（3.11）可以看出，在扰动位置未知的前提下，比较难以确定选取数据段的长度，再加上当 L_2 或 L_1 很小时，即当扰动源非常接近法拉第旋转镜时，相位差信号中存在时延关系的数据量很小，会影响时延估计方法的实施。为了确保在扰动源与反射镜很接近的情况下，时延估计方法能有效进行，本书在光纤耦合器 D1、F1 附近各加了一段光纤时延线圈，如图 3.1 所示，光纤时延线圈长度相同，为 L_3。

由上述分析，τ_1、τ_2、τ_3、τ_4 可重写为

$$\tau_1 = \frac{n(L_1 + L_3)}{c}, \qquad \tau_2 = \frac{n[L_1 + L_3 + 2(L_2 + L_3)]}{c},$$
$$\tau_3 = \frac{n(L_d + L_1 + L_3)}{c}, \qquad \tau_4 = \frac{n[L_d + L_1 + L_3 + 2(L_2 + L_3)]}{c} \tag{3.15}$$

相应地，式（3.7）和式（3.9）可重写为

$$\Delta\varphi_1(t) = \varphi(t - \tau_1) + \varphi(t - \tau_2) - \varphi(t - \tau_3) - \varphi(t - \tau_4)$$
$$= \theta\left[t - \frac{n(L_1 + L_3)}{c}\right] + \theta\left[t - \frac{n(L_1 + L_3)}{c} - \frac{2n(L_2 + L_3)}{c}\right] \tag{3.16}$$

$$\Delta\varphi_2(t) = \theta\left[t - \frac{n(L_2 + L_3)}{c}\right] + \theta\left[t - \frac{n(L_2 + L_3)}{c} - \frac{2n(L_1 + L_3)}{c}\right] \tag{3.17}$$

由式（3.16）和式（3.17）可知，$\Delta\varphi_1(t)$ 和 $\Delta\varphi_2(t)$ 都由两项与时间 t 有关的信号组成，其中，最先到达的两个信号为 $\theta\left[t - \dfrac{n(L_1 + L_3)}{c}\right]$ 和 $\theta\left[t - \dfrac{n(L_2 + L_3)}{c}\right]$，而 $\theta\left[t - \dfrac{n(L_2 + L_3)}{c} - \dfrac{2n(L_1 + L_3)}{c}\right]$ 和 $\theta\left[t - \dfrac{n(L_1 + L_3)}{c} - \dfrac{2n(L_2 + L_3)}{c}\right]$ 这两个信号都与前一个信号相差至少 $\dfrac{2nL_3}{c}$ 的时间，在它们到达前 $\Delta\varphi_1(t)$ 和 $\Delta\varphi_2(t)$ 存在一定的时延，因而当 $t \leqslant \dfrac{2nL_3}{c}$ 时，$\Delta\varphi_1(t)$ 和 $\Delta\varphi_2(t)$ 的时延满足

$$\Delta \tau = \frac{n(L_1 - L_2)}{c} \tag{3.18}$$

由式（3.6）和式（3.8）可知，两个光电检测器获得的信号之间的时延也满足如式（3.18）所示的关系。

由式（3.10）可求得扰动源距 2 的长度 L_1 为

$$L_1 = \frac{L + \Delta \tau c / n}{2} \tag{3.19}$$

其中，$L = L_1 + L_2$ 是传感光纤的总长度，为一个定值。

由式（3.11）可知，通过求取时延 $\Delta \tau$ 可以确定扰动源的位置。

3.3 自适应时延估计

由上述分析可知，如图 3.1 所示的定位系统中 PD1 和 PD2 的输出信号在满足 $t \leqslant \frac{2nL_3}{c}$ 时，经采样后可分别表示为

$$y_1(n) = s(n) + v_1(n) \tag{3.20}$$
$$y_2(n) = \lambda s(n - D) + v_2(n) \tag{3.21}$$

式中，$s(n)$ 表示由扰动产生的干涉信号；$v_1(n)$ 和 $v_2(n)$ 为互不相关的平稳噪声；λ 为与光纤耦合器和光纤传输损耗等有关的比例系数；D 为两个信号之间的时延，其可以通过 $y_1(n)$ 和 $y_2(n)$ 之间的信号处理来估计，从而对扰动信号定位。

由此可见，在这个定位系统中，时延估计是非常关键的，其估计的准确性直接决定了扰动定位的准确性。因此，选择一个好的时延估计方法[4]是非常必要的。目前，相位广义相关法[5]、广义双谱法[6]、高阶累积量法[7]、参量模型法[8]是几种基本的时延估计方法。相位广义时延估计的理论框架中包括几种最优的时延估计方法，其时延估计的结果在理论上可以达到克拉美罗下界（CRLB）。然而，这些方法和广义双谱法、高阶累积量法等方法，都依赖输入信号与噪声统计特性先验知识。在实际应用中，这些先验知识往往难以得到，或者不够完整，因此会影响这些方法的实际应用性能。但是，这个问题是相位广义相关法等静态时延估计方法难以解决的。

与上述方法相比，基于自适应滤波器的时延估计方法不仅具有上述方法的一般优点，而且具有以下独特的优点：基于自适应滤波器的时延估计方法一般不依赖输入信号与噪声统计特性先验知识，可以在迭代过程中不断调整自身的参数和结构，尤其适用于在输入信号与噪声统计特性未知的条件下动态跟踪时变的时延估计，能够自适应地从噪声中提取两个信号的相似性，得到较好的时

延估计结果；自适应滤波器设计简单，计算复杂度较低，易于实现；如果考虑一些特殊的结构，基于自适应滤波器的时延估计方法还可以有效地抑制信号中伴随的加性噪声和周期性干扰。本节利用基于最小均方（LMS）误差算法的自适应时延估计方法直接在时域上对扰动信号进行定位。

3.3.1　理论依据

最小均方误差自适应时延估计（Least Mean Square Error Adaptive Time Delay Estimation，LMSTDE）[9]的基本原理可以概括为转化、截断、实现 3 个方面。

1. 将时延估计问题转化为滤波器的参数估计问题

光电检测器信号经采样后所获得的信号可以转化为如图 3.2 所示的时延估计模型。

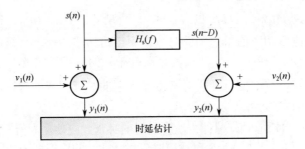

图 3.2　时延估计模型

如图 3.2 所示，若把光电检测器 PD1 的信号看作某一系统的输入，而把光电检测器 PD2 的信号看作这个系统的输出，则信号 $s(n)$ 与其时延信号 $s_d(n) = s(n-D)$ 之间的关系完全可以等效为信号 $s(n)$ 通过一个传递函数为 $H_s(f)$ 的滤波器的效应。这样，$s_d(n)$ 可以表示为

$$s_d(n) = h_s(n) * s(n) \qquad (3.22)$$

式中，$h_s(n)$ 表示移相滤波器的单位脉冲响应。在理想情况下，$s_d(n)$ 严格为 $s(n)$ 的时间平移，即 $s_d(n) = s(n-D)$，相应地，$H_s(f)$ 满足

$$H_s(f) = \mathrm{e}^{-\mathrm{j}2\pi f D} \qquad (3.23)$$

这样，滤波器的单位脉冲响应 $h_s(n)$ 为

$$h_s(n) = \delta(n-D) \qquad (3.24)$$

在实际应用中，$s(n)$ 与 $s_d(n)$ 之间的传输很难假定为理想的移相滤波器的形式，对于有限带宽信号，通常假定 $h_s(n)$ 满足 sinc(·) 函数形式，即

$$h_s(n) = \mathrm{sinc}(n-D) \qquad (3.25)$$

这样，信号的时延效应已经转化为信号通过一个无限权系数的横向滤波器 $h_s(n)$ 的效应，即

$$s_d(n) = \sum_{m=-\infty}^{\infty} h_s(m)s(n-m) \qquad (3.26)$$

2. 将无限权数滤波器截断为有限脉冲响应（FIR）滤波器

在系统实际的时延估计问题中，无限权数滤波器是不能实现的，并且也是没有必要的。在时延估计的实际应用中，通常把 n 限制在一个比较合理的范围内，即将式（3.26）近似为

$$\widetilde{s_d}(n) = \tilde{s}(n-D) \sum_{m=-M}^{M} \widetilde{h_s}(m)s(n-m) \qquad (3.27)$$

这样，无限权数滤波器变为一个 FIR 滤波器。

3. FIR 滤波器参数估计的自适应实现

源信号之间的时延信息是包含在系统单位脉冲响应 $h_s(n)$ 之中的，即 $h_s(n)$ 的峰值坐标对应于两个信号之间的时延。采用自适应滤波器实现时延参数的估计，就是要用一个 FIR 自适应滤波器来模拟未知的移相滤波器 $h_s(n)$，在自适应滤波器的参考输入端中插入一段与基本输入端的时延相等的时延，可以使两路信号保持最高的相似性。

综上所述，自适应时延估计方法将信号的时延效应转化为信号通过一个移相滤波器 $h_s(n)$ 的效应[10-11]。LMS 自适应时延估计方法的原理框图如图 3.3 所示。

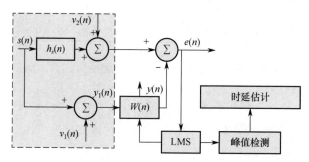

图 3.3　LMS 自适应时延估计方法的原理框图

自适应滤波器的作用是在自适应迭代中逐步实现对移相滤波器 $h_s(n)$ 的模拟，把 $y_1(n)$ 中的 $s(n)$ 加工成 $\hat{s}(n-D)$。当自适应滤波器收敛时，$y_2(n)$ 与 $y(n)$ 的均方误差达到最小，从而使 $\hat{s}(n-D)$ 与 $s(n-D)$ 的相似性最高。此时，自适应滤波器的权矢量 w_{opt} 就成为移相滤波器 $h_s(n)$ 的复制。由 w_{opt} 最大值的坐标位置就

可以得到时延估计 $\hat{D}$ 。

$$\hat{D} = \arg\{\max_m[\boldsymbol{w}_{\mathrm{opt}}]\}, \qquad m = -M, -M+1, \cdots, 0, 1, \cdots, M \tag{3.28}$$

3.3.2 LMSTDE 的结构与算法

如图 3.3 所示,两路接收信号 $y_1(n)$ 和 $y_2(n)$ 分别作为自适应噪声抵消系统的参考输入信号和基本输入信号, w_m $(m = -M, -M+1, \cdots, 0, 1, \cdots, M)$ 表示自适应滤波器的权系数, z^{-M} 是为了保证系统因果性而加入的 M 个采样周期的时延,以保证该结构能适应时延真值 D 为正、为负这两种情况。LMSTDE 的算法为

$$e(n) = y_2(n-M) - y(n) \tag{3.29}$$

$$y(n) = y_1^{\mathrm{T}}(n)w(n) = w^{\mathrm{T}}(n)y_1(n) \tag{3.30}$$

$$w(n+1) = w(n) + 2\mu e(n)y_1(n) \tag{3.31}$$

式中

$$y_1(n) = [y_1(n+M), y_1(n+M+1), \cdots, y_1(n), \cdots, y_1(n-M)]^{\mathrm{T}} \tag{3.32}$$

$$w(n) = [w_{-M}(n), w_{-M+1}(n), \cdots, w_0(n), \cdots, w_M(n)]^{\mathrm{T}} \tag{3.33}$$

当自适应滤波器收敛时,自适应滤波器的权矢量逼近 $h_s(n)$,即

$$\boldsymbol{w}_{\mathrm{opt}} = R^{-1}p \approx Kh_s(m) = K\mathrm{sinc}(m-D) \tag{3.34}$$

式中, K 为常数。

由自适应滤波器权矢量的峰值坐标,可以得到时延估计如式(3.23)所示。

3.3.3 时延估计的性能

1. 收敛条件

已知 LMS 自适应滤波器的收敛条件为

$$0 < \mu < \frac{1}{(2M+1)P_{\mathrm{in}}} \tag{3.35}$$

式中, P_{in} 表示输入信号的功率,其可以表示为

$$P_{\mathrm{in}} = \sigma_s^2 + \sigma_v^2 \tag{3.36}$$

也就是说, P_{in} 表示源信号功率和加性噪声功率之和。在时延估计问题中,收敛条件可以适当放宽为

$$0 < \mu < \frac{1}{2(\sigma_s^2 + \sigma_v^2)} \tag{3.37}$$

不过,在实际应用中,为了保证系统稳定收敛,通常选择 μ 小于收敛条件上限的 1/10。

2．权系数估计噪声的方差

权系数估计噪声定义为

$$g_m(n) = E[w_m(n)] - w_m(n) \tag{3.38}$$

当源信号的功率远小于加性噪声 $v(n)$ 的功率，或者当源信号的带宽远小于加性噪声的带宽时，权系数估计噪声的方差为

$$\sigma_g^2 = \mathrm{Var}[g_m(n)] \approx \mu\sigma_v^2 \tag{3.39}$$

也就是说，权系数估计噪声的方差与输入信号的噪声方差成正比，其比例因子为收敛因子 μ。由于权系数的收敛速度与 μ 成正比，因此，在满足收敛条件的情况下，μ 越大，系统收敛越快。但是，由式（3.39）可知，较大的收敛因子会引起较大的权系数估计误差，因此，需要综合考虑收敛速度和估计精度两个因素，以在两者之间取得折中。

3．时延估计的方差

在源信号和加性噪声平坦的假定下，LMSTDE 的时延估计方差为

$$\mathrm{Var}[\hat{D}] = \frac{3\mu P_v}{16\pi T_s} \cdot \frac{P_v^2}{P_s^2} \cdot \frac{1}{f_1^3 - f_0^3} \cdot \frac{1}{(1 - e^{-\mu t P_v/T_s})} \tag{3.40}$$

式中，T_s 为采样间隔；P_s 和 P_v 为常数，分别表示源信号的功率和加性噪声的功率；f_0 和 f_1 分别表示信号频带的上限和下限。

当收敛因子 $\mu \to 0$ 时，LMSTDE 的时延估计方差趋于 CRLB。

3.3.4　计算机仿真

为了验证上述方法的有效性，利用计算机产生的伪随机数据对上述方法进行仿真。采用单频正弦信号（频率为 200Hz，幅度为 1V，相位为 0）和高斯白噪声（标准差 0.05）来模拟接收器信号，如图 3.4（a）所示，用 400kHz 的采样频率进行采样，数据长度为 2000 个采样值。将生成的信号延迟 200 个点后作为自适应滤波器的参考输入信号，利用 LMS 自适应时延估计方法进行仿真，设置自适应滤波器的阶数为 400。

当自适应滤波器的收敛因子 $\mu = 5 \times 10^{-4}$ 时，得到的时延估计跟踪曲线如图 3.4（b）所示，经 535 次迭代后估计值趋于稳定，并收敛于 200。得到的权系数分布曲线、绝对误差曲线如图 3.4（c）、图 3.4（d）所示。

当自适应滤波器的收敛因子 $\mu = 2.5 \times 10^{-3}$ 时，得到的时延估计跟踪曲线如图 3.5（a）所示，经 157 次迭代后时延估计趋于稳定，收敛于 200。得到的权系数分布曲线、绝对误差曲线如图 3.5（b）、图 3.5（c）所示。

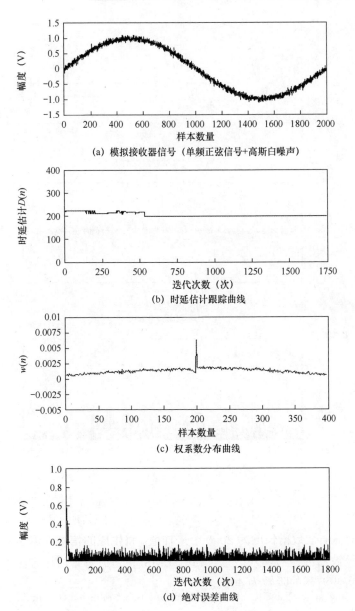

(a) 模拟接收器信号（单频正弦信号+高斯白噪声）

(b) 时延估计跟踪曲线

(c) 权系数分布曲线

(d) 绝对误差曲线

图 3.4　收敛因子 $\mu = 5 \times 10^{-4}$ 时的时延估计图

从上述仿真结果可以看出，在输入信噪比一定的情况下，收敛因子 μ 越大，系统收敛速度越快。但是，较大的收敛因子会导致较大的系统振荡，绝对误差较大；反之，收敛因子 μ 越小，系统收敛速度越慢，系统振荡较小，绝对误差相对较小，与理论分析结果相同，验证了时延估计方法的有效性。

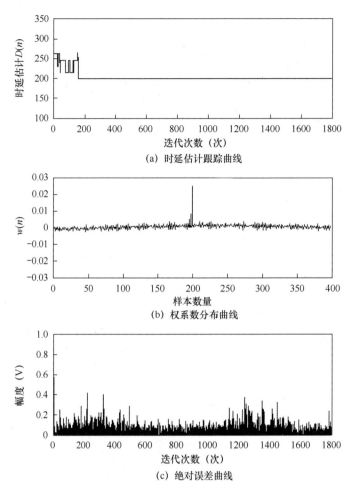

图 3.5　收敛因子 $\mu = 2.5 \times 10^{-3}$ 时的时延估计图

参 考 文 献

[1] X. G. Huang, H. J. Zhang, K. Liu. Fully Modelling Based Intrusion Discrimination in Optical Fiber Perimeter Security System[J]. Elsevier Inc, 2018, 45: 64-70.

[2] 朱燕，代志勇，张晓霞. 分布式光纤振动传感技术及发展动态[J]. 激光与红外，2011，41（10）：1072-1075.

[3] 郑来芳，张俊生，梁海坚，吕玉良. 基于时频混合特征提取算法的光纤传感信号识别研究[J]. 电子测量与仪器学报，2020，34（09）：153-159.

[4] Y. Hu, Y. Chen, Q. Song, et al. An Asymmetrical Dual Sagnac Distributed Fiber Sensor for

High Precision Localization Based on Time Delay Estimation[J]. Journal of Lightwave Technology, 2021, (99): 1-1.

[5] 蔡旺，王栋梁，冯伟，董繁鹏，魏亚明，贾乐成，田文杰，薛彬. 基于激光传感的水下声学目标高分辨跟踪方法[J]. 中国激光，2022，49（18）：155-165.

[6] 黄清. 相关域双谱时延估计方法[J]. 声学学报，2003，28（1）：4.

[7] 程刚，刘军莉，邹士新，程方，尚晓昕，梁清泉. 高阶累积量法对远程遥控水声信号的谱估计检测研究[J]. 弹箭与制导学报，2002（03）：70-73.

[8] 宋巍，谢友金，李治国，郝伟，闫佩佩，李昕，孙传东. 基于光纤旋转连接器的光纤耦合效率研究[J]. 光子学报，2022，51（11）：104-115.

[9] Y. Weng, J. Wang, Z. Pan. Recent Advances in DSP Techniques for Mode Division Multiplexing Optical Networks with MIMO Equalization: A Review[J]. Appl. Sci., 2019, 9, 1178.

[10] J. Wang, Y. Jiang, M. Li, L. Fan and C. Xie. Adaptive Delay Matching Method in Radiated Interference Cancellation System[C]. 2020 5th International Conference on Computer and Communication Systems (ICCCS), Shanghai, China, 2020, 844-847.

[11] 韩航程，程志恒，孙灿灿，田露. 无源互调干扰的二维时延自适应估计算法[J]. 北京理工大学学报，2019，39（09）：944-949.

第 4 章

分布式光纤传感系统的定位试验研究

4.1 分布式光纤传感系统的定位试验系统开发

4.1.1 分布式光纤传感系统

分布式光纤传感系统的定位试验系统应包含如图 4.1 所示的 3 个关键子系统：一是能输出两路干涉信号的分布式光纤传感器；二是能将干涉信号转换为电信号的光电转换及信号预处理系统，即光纤扰动检测器；三是能将预处理的电信号采集到计算机，利用相关算法求取时延差或频谱比值，并根据相关定位方法得到最终定位结果的数据采集及信号分析处理系统。

图 4.1　分布式光纤传感系统的定位试验系统组成

（1）分布式光纤传感器，主要由光纤耦合器、光纤时延线圈、法拉第旋转镜、信号传输光纤和传感光纤等组成。信号传输光纤和传感光纤均为单模光纤。其中，传感光纤、光纤耦合器、法拉第旋转镜等构成了光纤干涉仪，用于检测作用在感应光纤上的扰动信号。

（2）光纤扰动检测器，主要由光源驱动和保护电路、光源、光隔离器、光电检测器、前置放大器和放大滤波信号调理电路组成。光源采用超辐射发光二极管（Super Luminescent Diode，SLD）电源，通过光隔离器向干涉型分布式光纤微振动传感器发射光波，同时通过光电检测器检测分布式光纤传感系统输出的干涉光强信号，光电检测器将光信号转变为电信号，由于直接转换的电信号幅度较小、噪声较大，因此在信号采集之前必须对电信号进行滤波、放大。通过前置放大器和放大滤波信号调理电路对检测信号进行处理，然后通过数据采集卡进行数据采集,并将采集数据送入计算机中进行数字信号处理和数据分析。

（3）数据采集及信号分析处理系统，数据采集利用 National Instrument 公司的高速数据采集卡采集干涉信号，根据分布式光纤传感系统的振动检测设计要求，通过 LabVIEW 虚拟仪器的图形程序设计及 MATLAB 工具完成数据采集控制、人机动态交互、数据分析和处理等操作，其中包括信号的端点检测、降噪、相位还原、扰动定位等功能的实现。

4.1.2　扰动发生位置标定系统

通过分布式光纤传感系统对扰动进行定位后，为了评价分布式光纤传感系统定位性能的优劣，需要一个能够对扰动发生位置进行精确测量的标定系统。

现有的光时域反射仪（Optical Time Domain Reflectometer，OTDR）已经具备对光纤的弯折位置进行精确定位的能力，能够将定位误差控制在 5m 以内。5m 以内的定位误差基本满足对扰动发生位置进行标定的要求，可以作为评判分布式光纤传感系统的定位精确度的标准。在拟施加扰动处，先将光纤弯折，利用 OTDR 对弯折光纤位置进行测量，测量原理如图 4.2 所示。

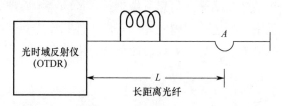

图 4.2　扰动发生位置标定系统测量原理

在试验中，根据传感光纤的长度、测量精度、测量动态范围的要求，选用测量误差小于 5m、测量盲区小于 2m 的 Aglient N3900A 高精度光时域反射仪。

4.2　基于波分复用的分布式光纤传感定位试验研究

本书提出的用于长距离检测的基于波分复用（Wavelength Division Multiplexing，WDM）技术的分布式光纤传感定位方法，其原理是在同一根感应光缆中注入两种不同波长的光，再经波分复用器将这两种波长成分分开，使其分别沿各自的独立光纤路径到达相应的反射终端，从而形成两路不同的干涉。基于波分复用的分布式光纤传感系统进行定位的基本原理如图 4.3 所示，通过比较两路干涉获得的相位信号的频谱特性，就可以确定扰动位置信息。这种方法不仅消除了扰动信号幅度变化对检测信号的影响，而且可以利用多个频率点获得多个扰动位置并进行平均，以提高定位精度。

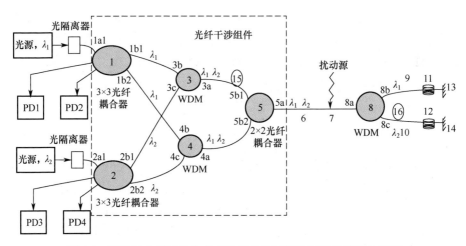

图 4.3　基于波分复用的分布式光纤传感系统进行定位的基本原理

4.2.1　试验方案设计

　　基于波分复用的分布式光纤传感系统进行定位的基本原理如图 4.3 所示，但在具体实现过程中，将虚线框内的光纤干涉组件制作成独立的模块，将光纤干涉模块置于屏蔽盒中以避免外界环境的干扰，因此图 4.3 可简化为如图 4.4 所示的形式。

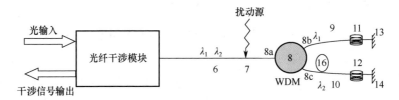

图 4.4　基于波分复用的分布式光纤传感系统进行定位的基本原理的简化形式

　　根据图 4.4 搭建基于波分复用的分布式光纤传感系统，其结构如图4.5 所示。试验装置包括：2 个超辐射发光二极管（Super Luminescent Diode，SLD）宽带光源（波长为λ_1 光源的中心波长为 1310nm，输出功率为 3mW；波长为λ_2 光源的中心波长为 1550nm，输出功率为 10mW）、4 个光电检测器 PD1～PD4（均采用 InGaAs 型光电检测器）、2 个光隔离器、3×3 光纤耦合器（分光比为 1：1：1）、1 个双波长 2×2 光纤耦合器（分光比为 1：1，波长为 1310nm 和 1550nm）、将光纤绕在压电陶瓷管上形成的相位调制器、1 个工作波长为 1310nm 的法拉第旋转镜、1 个工作波长为 1550nm 的法拉第旋转镜、3 个波长为 1310nm 和 1550nm 的波分复用器和信号发生器。光纤均采用康宁单模光纤，光纤纤芯折射率为 1.47，采用 National Instrument 公司的 16 位 DAQ 采集卡（PCI-6122）将数据采集到计算机内，利用 LabVIEW 软件对检测信号进行分析处理，试验中采样频率为 500kHz，对传感光缆施加扰动，其中传感光纤长度为 L，在试验过程中可以选择不同长度的光纤。波分复用器 8 的输出端口 8b 到法拉第旋转镜 13 的光纤长度很短，可以忽略不计；波分复用器 8 的输出端口 8c 到法拉第旋转镜 14 的光纤长度与输出端口 8b 到法拉第旋转镜 13 的光纤长度相差 l_3，设置为 5km，此部分光路置于屏蔽盒中以屏蔽外界干扰。

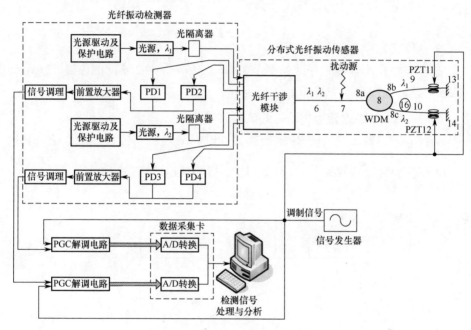

图 4.5 基于波分复用的分布式光纤传感系统结构

4.2.2 试验结果与分析

将第 2 章分析得到的两路相位信号的频谱相除，有

$$\frac{F_{\lambda_1}(\omega)}{F_{\lambda_2}(\omega)} = \frac{4\varphi_0(\omega,\lambda_1)\cos\dfrac{\omega T_1}{2}\sin\dfrac{\omega\tau_1}{2}}{4\varphi_0(\omega,\lambda_2)\cos\dfrac{\omega(T_1+2\tau_3)}{2}\sin\dfrac{\omega\tau_1}{2}} = \frac{\varphi_0(\omega,\lambda_1)\cos\dfrac{\omega\alpha l_1}{2}}{\varphi_0(\omega,\lambda_2)\cos\dfrac{\omega\alpha(l_1+l_3)}{2}} \qquad (4.1)$$

式中

$$\frac{\varphi_0(\omega,\lambda_1)}{\varphi_0(\omega,\lambda_2)} = \frac{\lambda_2}{\lambda_1} \qquad (4.2)$$

则对应的功率谱可表示为

$$\frac{P_{\lambda_1}(\omega)}{P_{\lambda_2}(\omega)} = \left(\frac{\lambda_2 \cos \dfrac{\omega \alpha l_1}{2}}{\lambda_1 \cos \dfrac{\omega \alpha (l_1 + l_3)}{2}} \right)^2 \tag{4.3}$$

可以将其简化为

$$\frac{P_{\lambda_1}(\omega)}{P_{\lambda_2}(\omega)} = \left(\frac{\lambda_2 \cos x}{\lambda_1 \cos(kx)} \right)^2 \tag{4.4}$$

式中

$$k = \frac{l_1 + l_3}{l_1} \tag{4.5}$$

在试验中，选择传感光纤长度为 30km 左右，分别在不同的位置（10km、30km 附近）施加扰动来验证系统的可行性。

1. 在 10km 附近施加扰动时的试验结果及分析

当在 l_1 为 10km 左右的位置施加扰动时，通过扰动位置标定系统，利用 OTDR 确定 l_1 为 9.978km，l_3 为 5km。因此，k 约为 1.5。在这种情况下，$\dfrac{P_{\lambda_2}(\omega)}{P_{\lambda_1}(\omega)}$ 和 $\dfrac{F_{\lambda_2}(\omega)}{F_{\lambda_1}(\omega)}$ 的理论值如图 4.6 所示。

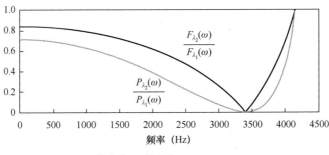

图 4.6 理想的 $\dfrac{P_{\lambda_2}(\omega)}{P_{\lambda_1}(\omega)}$ 和 $\dfrac{F_{\lambda_2}(\omega)}{F_{\lambda_1}(\omega)}$ （$k \approx 1.5$，$l_1 = 9.978\text{km}$）

在 PZT11 和 PZT12 上使用信号发生器加载频率为 162kHz 的单频正弦信号，根据前文介绍的方法确定调制信号的幅度为 2.6V。在将信号发生器的输出信号加载到光路中的相位调制器的同时，也将该输出信号输入 PGC 解调电路对扰动信号进行硬件解调。解调后的信号经数据采集后送入计算机进行后续处理，在此试验条件下，系统采集的信号波形分别如图 4.7 和图 4.8 所示。

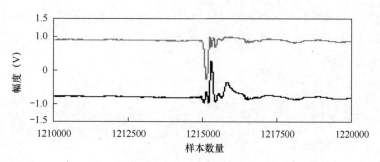

图 4.7　IP1 的采集信号（$\lambda_1 = 1310\text{nm}$）

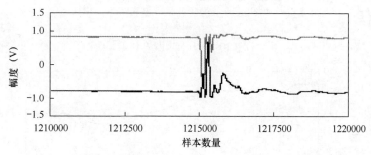

图 4.8　IP2 的采集信号（$\lambda_2 = 1550\text{nm}$）

根据前文介绍的相位还原方法，对干涉光路 IP1 和 IP2 的信号进行解调，得到解调后的信号波形如图 4.9 所示。

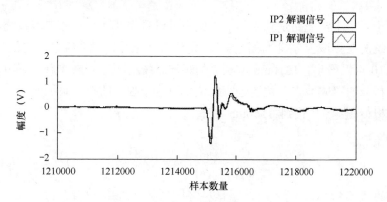

图 4.9　IP1 和 IP2 的解调信号

从图 4.9 中可以看出，解调后的信号波形基本重合，这是由于两个干涉光路除了光波长和光程长短不同，其他光学性质是基本相同的，其反映的都是同一条传感光缆上的同一个振动信号引起的相位变化，这与理论分析结果相符。

通过分析可知，Welch 平均法可以较成功地对扰动信号进行功率谱估计，本系统利用 Welch 平均法对如图 4.9 所示的两个解调信号进行频谱估计，结果如图 4.10 和图 4.11 所示。Welch 平均法选取的是 Hanning 窗，窗长为 4096，信号交叠率为 80%。

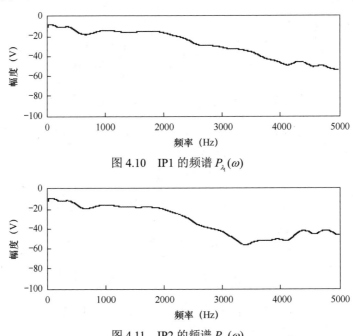

图 4.10　IP1 的频谱 $P_{\lambda_1}(\omega)$

图 4.11　IP2 的频谱 $P_{\lambda_2}(\omega)$

　　由于两个干涉光路是独立的，因此其可以看作两个独立的干涉系统，这样利用传统的在频域上寻找"陷波点"的定位方法也可以对系统进行定位。然而，从图 4.10 可以看出，1310nm 波长光的干涉系统的频谱"陷波点"不明显，无法找到相应的"陷波点"位置进行定位，对这个独立的干涉系统而言，此方法失效。根据图 4.11 找到 1550mn 波长光的干涉系统的一阶"陷波点"位置为 3362Hz。

$$l_1 = \frac{(2k-1)c}{4n_{\text{eff}}f_{\text{null}}(k)}, \quad k = 1,2,3,\cdots \tag{4.6}$$

　　根据式（4.6），当 $k=1$ 时，可以计算得到扰动源的位置 $l_1 + l_3 = 15.169\text{km}$，与实际扰动发生位置 14.978km 相比，绝对误差为 0.191km，相对误差为 1.2%。

　　从以上分析可知，传统的定位方法存在一定的缺陷，当扰动不能激发相应的频率时无法进行定位。下面对本书提出的基于波分复用的分布式光纤传感系统的频域比值定位方法进行试验研究及验证。将获得的两个干涉信号的频谱相除，所得到的波形如图 4.12 所示。

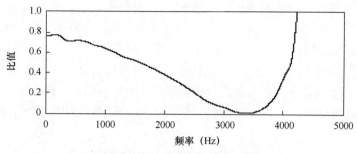

图 4.12　$P_{\lambda_2}(\omega)$ 和 $P_{\lambda_1}(\omega)$ 的比值

　　通过比较两个干涉获得的相位信号的频谱特性来获得扰动位置的信息，从式（4.4）可以看出，这种方法消除了扰动信号幅度、频率成分变化对定位的影响，进一步求得 l_1 的值，就可以得到外界扰动信号在传感光纤上的位置信息。

　　令

$$F = \frac{P_{\lambda_2}(\omega)}{P_{\lambda_1}(\omega)} \qquad (4.7)$$

则可以将式（4.7）表示为

$$F = \frac{P_{\lambda_2}(\omega)}{P_{\lambda_1}(\omega)} = f(l_1, \omega) \qquad (4.8)$$

　　F 为两个干涉光路功率谱的比值，可以根据试验测得，即如图 4.12 所示的结果。利用线性最小平方方法对式（4.8）的结果进行曲线拟合，从而求得 l_1 的值，得到扰动发生的位置。这里利用 MATLAB 中的 cftool 工具箱进行非线性拟合，应用数理统计学中能有效解决已知非线性关系式的参数估计问题的 Levenberg-Marquardt 算法来推求定位公式中的 l_1，得到的结果如图 4.13 所示。

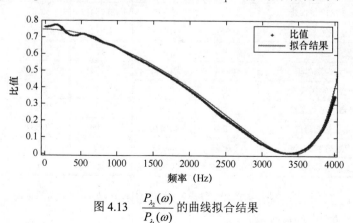

图 4.13　$\dfrac{P_{\lambda_2}(\omega)}{P_{\lambda_1}(\omega)}$ 的曲线拟合结果

在采用 Levenberg-Marquardt 算法进行拟合估计时，采用的公式模型如图 4.14 所示，这里将 $x = \lambda_1 / \lambda_2$ 作为其中的一个参数进行估计，以考察系统的性能。根据拟合曲线结果可以看出，拟合效果很好，残差方差（SSE）为 0.012，拟合度（R^2）接近 1，均方根误差（RMSE）为 0.02243；对 x 的估计结果为 0.8479，与理论值 0.85 基本一致；最终得到的定位值为 9.886km，与扰动发生位置标定系统定位的精确值 9.978km 的绝对误差为 92m，相对误差为 0.92%。

General model:

f(f) = (x*cos(6.28*f*1.47/300000000*(L+5000))/cos(6.28*f*1.47/300000000*L))^2

Coefficients (with 95% confidence bounds):

L =   9886   (9880, 9893)

x =   0.8479 (0.8472, 0.8485)

Goodness of fit:

SSE: 0.012

R-square: 0.9927

Adjusted R-square: 0.9927

RMSE: 0.02243

图 4.14　拟合估计的公式模型及曲线拟合结果

在相同的位置进行多次扰动试验，试验结果如表 4.1 所示。

表 4.1　z_1 处扰动定位结果（$z_1 = 9.978$km，单位：km）

次　　数	1	2	3	4	5
"陷波点"测量值	10.169	10.887	10.111	10.066	9.891
"陷波点"绝对误差	0.191	0.111	0.133	0.088	0.087
"陷波点"相对误差	1.91	1.11	1.33	0.88	0.87
频谱比值法测量值	9.886	10.073	9.894	9.878	9.908
频谱比值法绝对误差	0.092	0.095	0.084	0.1	0.07
频谱比值法相对误差	0.922	0.952	0.842	1.002	0.702
次　　数	6	7	8	9	10
"陷波点"测量值	10.067	10.044	10.1331	9.868	9.825
"陷波点"绝对误差	0.088	0.066	0.155	0.109	0.154
"陷波点"相对误差	0.88	0.66	1.55	1.09	1.54
频谱比值法测量值	10.034	10.023	9.909	10.031	9.915
频谱比值法绝对误差	0.056	0.045	0.069	0.053	0.063
频谱比值法相对误差	0.561	0.451	0.692	0.531	0.631

表 4.1 定位结果的折线图和 OTDR 确定的实际位置比较如图 4.15 所示，相对误差对比如图 4.16 所示。

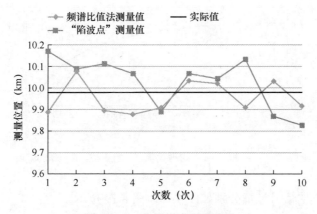

图 4.15　z_1 位置多次测量结果

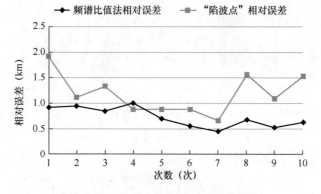

图 4.16　z_1 位置多次测量相对误差结果

从图 4.16 中可以看出，利用传统的"陷波点"定位方法首先要求能找到"陷波点"，其次其定位误差较大，最大定位误差达到 2km；基于波分复用的分布式传感系统利用频谱比值法测量得到的扰动发生位置分布在由 OTDR 测得的扰动实际发生位置的两侧，最大定位误差不超过 100m，定位精度大大提高，与理论分析结果相符。

2. 在 30km 附近施加扰动的试验结果及分析

当在 l_1 为 30km 左右的位置施加扰动时，通过扰动位置标定系统，利用 OTDR 确定 l_1 为 30.092km，l_3 为 5km。因此，k 约为 1.17。在这种情况下，$\dfrac{P_{\lambda_2}(\omega)}{P_{\lambda_1}(\omega)}$ 和 $\dfrac{F_{\lambda_2}(\omega)}{F_{\lambda_1}(\omega)}$ 的理论值如图 4.17 所示。

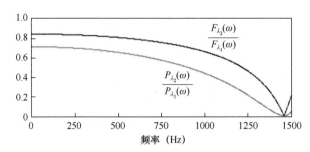

图 4.17 $\dfrac{P_{\lambda_2}(\omega)}{P_{\lambda_1}(\omega)}$ 和 $\dfrac{F_{\lambda_2}(\omega)}{F_{\lambda_1}(\omega)}$ 的理论值（$k \approx 1.17$，$l_1 = 30.092\text{km}$）

系统采集的信号波形分别如图 4.18、图 4.19 所示。

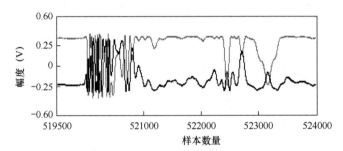

图 4.18 IP1 的采集信号（$\lambda_1 = 1310\text{nm}$）

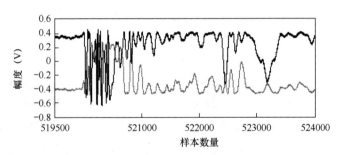

图 4.19 IP2 的采集信号（$\lambda_2 = 1550\text{nm}$）

利用本书提出的相位还原方法对干涉光路 IP1 和 IP2 的信号进行解调，得到解调后的信号波形如图 4.20 所示。

利用 Welch 平均法对解调信号进行功率谱估计，结果如图 4.21 和图 4.22 所示。Welch 平均法选取的是 Hanning 窗，窗长为 4096，信号交叠率为 80%。

从图 4.21 中可以看到，此次扰动有"陷波点"，一阶"陷波点"的位置为 1701Hz，可以计算得到扰动源的位置为 29.982km，与扰动源的实际位置 30.092km 的绝对误差为 0.11km，相对误差为 0.36%。

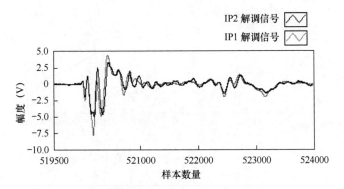

图 4.20 IP1 和 IP2 的解调信号

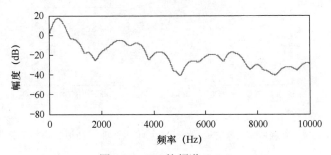

图 4.21 IP1 的频谱 $P_{\lambda_1}(\omega)$

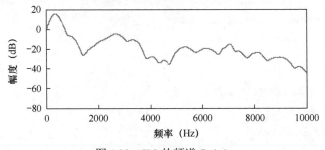

图 4.22 IP2 的频谱 $P_{\lambda_2}(\omega)$

从图 4.22 中可以看到，此次扰动有"陷波点"，一阶"陷波点"的位置为 1446Hz，可以计算得到扰动源的位置为 35.27km，与扰动源的实际位置 35.092km 的绝对误差为 0.177km，相对误差为 0.51%。

另外，得到的功率谱比值如图 4.23 所示。

利用 MATLAB 中 cftool 工具箱进行非线性拟合，得到的结果如图 4.24 所示。如图 4.25 所示为拟合估计的公式模型及曲线拟合结果。

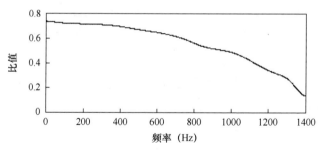

图 4.23　$P_{\lambda_2}(\omega)$ 和 $P_{\lambda_1}(\omega)$ 的比值

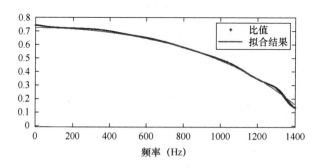

图 4.24　利用 MATLAB 中 cftool 工具箱进行非线性拟合得到的结果

General model:

　　f(f) = (x*cos(6.28*f*1.47/300000000*(L+2000))/cos(6.28*f*1.47/300000000*L))^2

Coefficients (with 90% confidence bounds):

　　L =　3.012e+004　(3.011e+004, 3.013e+004)

　　x =　　0.8426　(0.8425, 0.8427)

Goodness of fit:

　SSE: 0.006344

　R-square: 0.9994

　Adjusted R-square: 0.9994

　RMSE: 0.002302

图 4.25　拟合估计的公式模型及曲线拟合结果

　　根据曲线拟合结果可以看出，拟合效果很好，残差方差（SSE）为 0.006，拟合度（R^2）接近 1，均方根误差（RMSE）为 0.002302；对 x 的估计结果为 0.8426，与理论值 0.85 基本一致；最终得到的定位值为 30.12km，与扰动发生位置标定系统定位的精确值 30.092km 的绝对误差为 28m，相对误差为 0.09%。

在相同的位置进行多次扰动试验，试验结果如表 4.2 所示。

表 4.2　z_2 处扰动定位结果（$z_2 = 30.092$km，单位：km）

次　　数	1	2	3	4	5
"陷波点"测量值	29.98	29.82	30.04	30.18	30.02
"陷波点"绝对误差	0.1096	0.2674	0.0567	0.0855	0.0743
"陷波点"相对误差	0.36	0.89	0.19	0.28	0.25
频谱比值法测量值	30.12	30.15	30.09	30.07	30.14
频谱比值法绝对误差	0.028	0.058	0.002	0.022	0.048
频谱比值法相对误差	0.09	0.19	0.01	0.07	0.16
次　　数	6	7	8	9	10
"陷波点"测量值	30.04	29.96	30	30.21	30.04
"陷波点"绝对误差	0.0567	0.1273	0.0920	0.1213	0.0567
"陷波点"相对误差	0.19	0.42	0.31	0.40	0.19
频谱比值法测量值	30.06	30.01	30.14	30.16	30.08
频谱比值法绝对误差	0.032	0.082	0.048	0.068	0.012
频谱比值法相对误差	0.11	0.27	0.16	0.22	0.04

表 4.2 定位结果的折线图和 OTDR 确定的实际位置比较如图 4.26 所示，相对误差对比如图 4.27 所示。

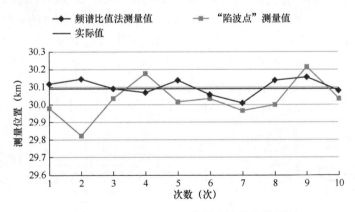

图 4.26　$z_2 = 30.092$km 位置多次测量结果

通过上述试验，可以看到利用频谱比值法确定扰动源的位置，其精度有了很大的提高，与理论分析的结果相符。

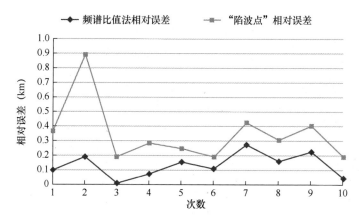

图 4.27 z_2=30.092km 位置多次测量相对误差结果

4.3 基于时延估计的分布式光纤传感定位试验研究

4.3.1 试验方案设计

按照如图 4.28 所示结构进行扰动定位试验。光纤均采用康宁单模光纤，光纤纤芯折射率为 1.47，其中，传感光纤长度 L 为 22km，导引光纤长度 L_3 为 3km，光纤环路总长为 28km。光电检测器 PD1 和 PD2 采用 InGaAs 光电检测器，系统的光源为超辐射发光二极管（SLD）宽带光源，其中心波长为 1310nm，功率为 3MW，工作带宽为 155MHz。采用 National Instrument 公司的 8 位高速数据采集卡 PCI-5114 和 LabVIEW 软件对检测信号进行采集处理，试验中采样频率为 100MHz，对传感光缆施加扰动，采用 LMS 自适应时延估计算法[12]对扰动位

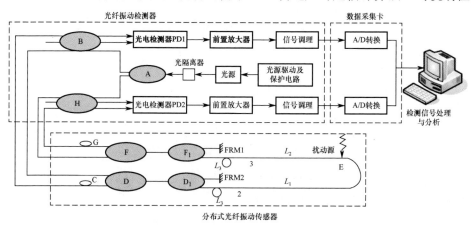

图 4.28 基于时延估计的分布式光纤传感定位系统

— 70 —

置进行定位。利用 $t \leqslant \dfrac{2nL_3}{c}$ 这个条件和采样率 f，根据导引光纤长度计算理论长度，求取步长因子和自适应滤波器阶数（自适应滤波器的阶数应大于最大时延的 2 倍）等参数，然后通过试验调整确定具体数值。

4.3.2 试验结果与分析

1. 导引光纤长度对定位的影响

图 4.29（a）为在 12.002km 处施加扰动、采样频率为 100MHz 时得到的时域信号波形。由于导引光纤长度 L_3 为 3km，所取最大数据长度为 $2nL_3f/c$=3000，综合考虑光纤时延线圈的长度，确定数据长度为 2770。根据前文提出的自适应时延估计方法，设定自适应滤波器的阶数为 1900，步长因子 μ 为 0.000135。经自适应时延估计得到的权系数分布曲线和时延估计跟踪曲线分别如图 4.29（b）、图 4.29（c）所示，时延估计为 9.6μs，计算得到的扰动位置为 12.0081km，绝对误差为 6.1m，相对误差为 0.051%。图 4.29（d）是对两路信号直接进行互相关得到的曲线，根据互相关函数的性质，对于两路有 Δn 个点时延的信号，其互相关函数在偏离中心点 $m' = \Delta n$ 处取得最大值。因而，在互相关序列 $R_{12}(m)$ 中，找到 $R_{12}(m)$ 最大值对应的点 m'，然后根据采样周期 T，就可以得到两路信号之间的时延差 $\Delta\tau$，这里 $\Delta\tau = m'T$。根据图 4.29（d）所示互相关系数序列可得 m' 为 1264，采样频率为 100MHz，因而对应的时延为 12.64μs，计算得到扰动位置为 12.896km，绝对误差为 894m，相对误差为 7.4%。

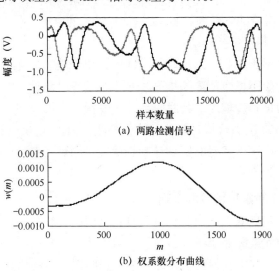

(a) 两路检测信号

(b) 权系数分布曲线

图 4.29　L_3 为 3km 的相关试验结果

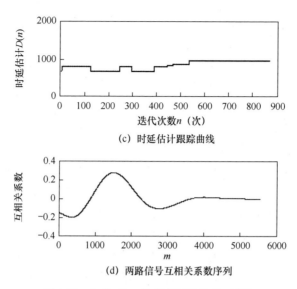

(c) 时延估计跟踪曲线

(d) 两路信号互相关系数序列

图 4.29 L_3 为 3km 的相关试验结果（续）

图 4.30 是导引光纤长度 L_3 增加到 7km 时在相同位置施加扰动时的情形，此时确定数据长度增加到 6680。根据前文提出的自适应时延估计方法，自适应滤波器的阶数调整为 2100，步长因子 μ 为 0.000135。经自适应时延估计得到的权系数分布曲线和时延估计跟踪曲线分别如图 4.30（b）、图 4.30（c）所示，时延估计为 9.61μs，计算得到的扰动位置为 12.0091km，绝对误差为 7.1m，相对误差为 0.059%。图 4.30（d）为对两路信号直接进行互相关得到的曲线，根据互相关系数序列可得到对应的时延为 12.63μs，计算得到的扰动位置为 12.8945km，绝对误差为 892m，相对误差为 7.4%。

数据处理结果表明，自适应时延估计的定位结果明显优于传统的互相关时延估计方法，定位精度有明显的提高。对于自适应时延估计而言，当导引光纤长度增加时，数据长度增加，此时收敛速度变慢。由图 4.29（c）可知，当 L_3 为 3km 时，经 533 次迭代后时延估计趋于稳定；由图 4.30（c）可知，当 L_3 为 7km 时，经 1840 次迭代后时延估计趋于稳定。因而，在设计系统时应合理地选择导引光纤的长度。

2．步长因子对定位精度的影响

根据 μ 的理论计算公式可以计算其理论上限。在实际应用中，为了保证系统稳定收敛，通常选择 μ 小于收敛条件上限的 1/10；然后根据试验的具体情况对其进行调整，以确定其最终取值。在输入信噪比一定的情况下，μ 越大，系统的收敛速度越快，但是，较大的步长因子会导致较大的振荡，使绝对误差较

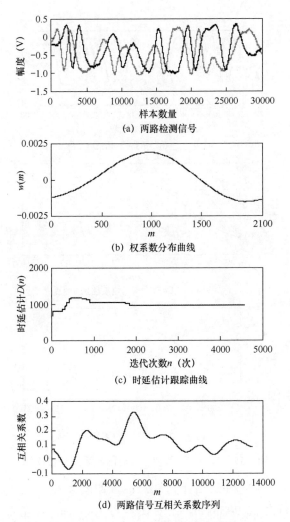

图 4.30 L_3 为 7km 的相关试验结果

大；反之，μ 越小，系统的收敛速度越慢，系统振荡较小，绝对误差也相对较小。本节将针对系统的试验数据进一步进行验证。

在同样的位置，即 12.002km 处施加扰动，这里导引光纤长度 L_3 为 7km，采样频率为 100MHz，此时得到的时域信号波形如图 4.31（a）所示。选取有效的数据长度为 6680，自适应滤波器的阶数仍为 2100，分别考察当 μ 取不同值时所对应的权系数分布曲线、时延估计跟踪曲线、绝对误差曲线。

当 $\mu = 1.4 \times 10^{-4}$ 时对应的权系数分布曲线如图 4.31（b）所示；当 $\mu = 2.8 \times 10^{-4}$ 时对应的权系数分布曲线如图 4.31（c）所示。

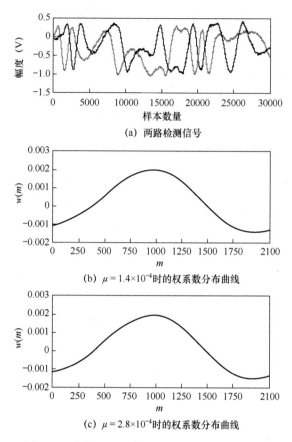

图 4.31　步长因子取值不同时的权系数分布曲线

当 μ=1.4×10⁻⁴ 时的时延估计为 9.56μs，如图 4.32（a）所示，计算得到的扰动定位距离为 12.0038km，绝对误差为 1.8m，相对误差为 0.015%；当 μ=2.8×10⁻⁴ 时的时延估计为 9.65μs，如图 4.32（b）所示，计算得到的扰动定位距离为 12.0132km，绝对误差为 11.2m，相对误差为 0.093%。由此可见，随着步长因子的增大，绝对误差增大，定位精度减小，这与仿真结果一致。

根据时延估计跟踪曲线可知，当 μ=1.4×10⁻⁴ 时，经 2125 次迭代后时延估计趋于稳定，趋向于 956；当 μ=2.8×10⁻⁴ 时，经 1896 次迭代后时延估计趋于稳定，趋向于 965。由此可见，随着步长因子的增大，系统的收敛速度变快，但系统振荡也相对较大，这与仿真结果一致。

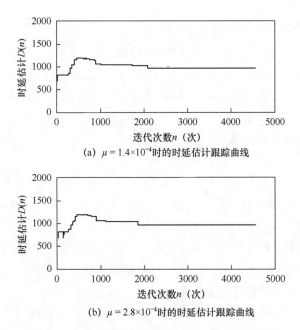

(a) $\mu = 1.4 \times 10^{-4}$时的时延估计跟踪曲线

(b) $\mu = 2.8 \times 10^{-4}$时的时延估计跟踪曲线

图 4.32　步长因子取值不同时的时延估计跟踪曲线

　　根据绝对误差曲线可知，随着步长因子的增大，系统的绝对误差也增大（见图 4.33），这与仿真结果一致。

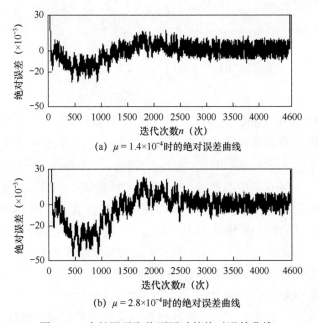

(a) $\mu = 1.4 \times 10^{-4}$时的绝对误差曲线

(b) $\mu = 2.8 \times 10^{-4}$时的绝对误差曲线

图 4.33　步长因子取值不同时的绝对误差曲线

3. 采集卡采样率对定位精度的影响

基于时延估计的分布式光纤传感器对扰动发生位置的判断，是通过自适应时延估计方法获得的权系数分布曲线 $w(m)$ 所对应的最大值坐标位置 m' 来确定时延估计的，由此可知时延估计 $\Delta\tau$ 的精度直接决定了扰动位置的定位精度。

由于 $\Delta\tau = m' \cdot T$，其中，T 为采集卡的采样周期，为了分析影响 $\Delta\tau$ 精度的因素，对 $\Delta\tau = m' \cdot T$ 两边积分，有

$$\mathrm{d}\Delta\tau = T \cdot \mathrm{d}m' + m' \cdot \mathrm{d}T \tag{4.9}$$

由式（4.9）可知，在运用自适应时延估计方法求取时延过程中，时延估计 $\Delta\tau$ 的误差与权系数分布曲线最大值对应的坐标位置 m' 的误差和采样周期 T 的误差有关。

对于预先设定采集卡采样率 f 的情况，现有的采集卡内部时钟控制技术已经可以保证高性能采集卡在工作过程中采样频率基本无变化。也就是说，可以忽略由于采样周期 T 的随机变化而引起的时延估计的误差。

采集卡采样率设定后，采样周期 T 为常数，则式（4.9）中的 $m' \cdot \mathrm{d}T$ 为零，式（4.9）可以表示为

$$\mathrm{d}\Delta\tau = T \cdot \mathrm{d}m' + m' \cdot \mathrm{d}T = T \cdot \mathrm{d}m' \tag{4.10}$$

由式（4.10）可以看出，时延估计 $\Delta\tau$ 的误差主要是由权系数分布曲线最大值对应的坐标位置 m' 的误差引起的。

将式（4.10）代入 $L_1 = \dfrac{L + \Delta\tau \cdot c/n}{2}$，可得

$$\mathrm{d}L_1 = \mathrm{d}\Delta\tau \cdot c/n = \frac{c}{n}T \cdot \mathrm{d}m' \tag{4.11}$$

由此可见，扰动位置的定位误差主要是由权系数分布曲线最大值对应的坐标位置 m' 的误差引起的。

虽然采集卡的采样周期 T 不会随机发生变化，对定位误差没有直接的影响，但采样周期 T 的大小直接影响扰动定位的精度。当采集卡的采样频率为 10MHz 时，采样周期为 0.1μs，由光速 $c=3.0\times10^8$，光纤折射率 $n=1.5$，并根据式（4.9）可知，如果对权系数分布曲线最大值对应的坐标位置 m' 产生误判，m' 每相差一个点，对应的定位距离就相差 20m。如果将采集卡的采样频率提高到 100MHz，则 m' 每相差一个点对应的定位距离偏差仅为 2m。基于此，本系统采用的是高速采集卡，设定的采样频率为 100MHz。

自适应时延估计的权系数分布曲线最大值对应的坐标位置 m' 的误差是影响扰动定位误差的主要因素，可以通过提高采集卡采样频率来达到减小最大值

对应的坐标位置求取偏差对定位精度的影响的目的，也就是减小时延估计对定位精度的影响。但是，为了提高系统的定位精度，有必要采取其他能够提高计算最大值对应的坐标位置 m' 精度的方法。例如，首先对采集到的信号进行端点检测及用小波去噪系统滤除噪声等，具体实现方法在此不再赘述。

根据图 4.3，在传感光纤上选择两个位置 z_1 和 z_2 进行扰动试验，采样频率为 100MHz，导引光纤长度为 7km，通过如图 4.2 所示的扰动发生位置标定系统，利用 OTDR 确定扰动源的位置分别为 $z_1 = 12.002\text{km}$ 和 $z_2 = 17.397\text{km}$。在每个位置上分别采集 10 组数据进行处理。

位置 z_1 处的 10 次扰动定位结果如表 4.3 所示。

表4.3　位置 z_1 处的 10 次扰动定位结果　　　　（单位：km）

次　　数	1	2	3	4	5
测 量 值	11.9901	12.008	12.0048	12.0091	12.0038
次　　数	6	7	8	9	10
测 量 值	12.0132	12.0069	11.9996	12.0059	12.0069

如表 4.3 所示定位结果的折线图和 OTDR 确定的实际位置比较如图 4.34 所示。

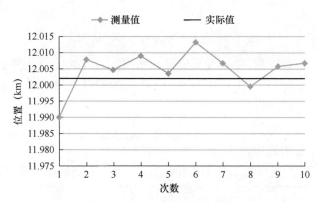

图 4.34　位置 z_1 处的 10 次测量结果比较

从图 4.34 可以看出，由分布式光纤传感定位系统测量得到的扰动发生位置分布在由 OTDR 测得的扰动行为实际发生位置的两侧，最大定位误差不超过 15m。对试验结果进行处理，结果如表 4.4 所示。

表4.4　位置 z_1 处 OTDR 测得实际值与测量值的比较

OTDR测得实际值	测量均值	标准差	平均误差	相对误差
12.002km	12.00483km	0.63%	2.83m	0.024%

位置 $z_2 = 17.397$km 处的 10 次扰动定位结果如表 4.5 所示。

表 4.5　位置 z_2=17.397km 处的 10 次扰动定位结果　　（单位：km）

次　数	1	2	3	4	5
测量值	17.3976	17.4029	17.3956	17.405	17.3966
次　数	6	7	8	9	10
测量值	17.4008	17.3987	17.4018	17.3997	17.404

如表 4.4 所示定位结果的折线图和 OTDR 确定的实际位置比较如图 4.35 所示。

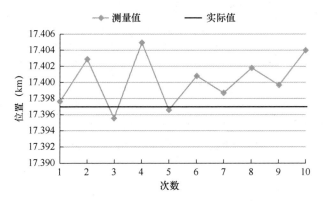

图 4.35　位置 z_2 处 10 次测量结果比较

从图 4.35 可以看出，扰动发生位置分布在由 OTDR 测得的扰动实际发生位置的两侧，最大定位误差不超过 10m。位置 z_2 处 OTDR 测得的实际值与测量值的比较结果如表 4.6 所示。

表 4.6　位置 z_2 处 OTDR 测得的实际值与测量值的比较结果

OTDR 测得的实际值	测量均值	标准差	平均误差	相对误差
17.397km	17.40027km	0.32%	3.27m	0.019%

上述试验证明，本章构建的基于时延估计的分布式光纤传感定位系统可对传感光缆上的扰动进行准确定位，试验结果充分验证了第 2 章定位理论分析的正确性，同时表明利用自适应时延估计方法求取时延差是可行的。在实际的测量系统中，采用分集采集、提高采样频率等措施，可以进一步提高系统的定位精度。

第5章

分布式光纤传感的振动信号处理方法

5.1 端点检测

在实际应用中，信号实时采集进入系统，如果对所有的输入信号都进行一系列的运算处理，系统必然无法满足实时性的要求，微小的时延也将不断积累，最终导致系统失效。基于此，必须对输入信号中的振动片段进行检测，仅处理有效的振动信号，以减轻系统在时间复杂度方面的压力，增强系统的实时性。

在一般情况下，振动信号的幅度大于噪声干扰的幅度，因此，理论上来说，可以通过在时域内设定幅度阈值来确定振动起始点的位置。但是，由于信号容易受到相干噪声和干扰的影响，因此这种方法的稳健性并不高。此外，由器件和温漂引入的直流漂移也会给峰值的计算带来困难。寻找振动起始点的本质是寻找一段信号的突变点，需要寻求确定非平稳信号突变点的有效方法。

5.1.1 基于短时能量的端点检测方法

1. 短时能量

能量法是一种常用的信号端点检测方法，它通过计算信号在时域上的能量变化来确定信号的端点。其中，短时能量是能量法中常用的一种特征。

短时能量是指在一段时间内信号的能量总和。具体地说，将一段信号分成若干个等长的小段，即信号分帧加窗后，在每一帧中计算信号的平方和，就能得到该帧的短时能量。帧信号的短时能量可以表示为

$$E = \sum_{i=0}^{n-1} x_i^2 \tag{5.1}$$

式中，E 为帧信号的能量，n 为该帧信号中的采样点总数，x_i 为该帧信号中第 i 个采样点的信号幅度。短时能量越大，表示该帧信号的能量越高。

有效信号段内信号的平均幅度一般大于静默状态下信号段的平均幅度，有效信号段通常具有较高的能量，尤其是在信噪比较高的情况下，有效信号段和静默状态下信号段的区别尤为明显。基于这一点，设置帧信号能量的阈值，以

信号帧为单元，通过判断其短时能量是否超过该阈值，可以判断该帧是否为有效信号。当帧信号的短时能量超过阈值时，判定该帧信号属于有效信号；当该帧信号的短时能量小于阈值时，则该帧信号不属于有效信号。

能量的计算引入了信号幅度的平方，因此，短时能量对于高电平非常敏感，这使得在进行阈值判断时容易将极短高电平错判为有效信号。为了减少对冲击噪声的误检，对短时能量求逐点均方根，并将其作为判断有效信号的特征。

在使用短时能量进行端点检测时，通常采用有重叠的分帧方式，以提高时域的分辨率。这有助于捕捉信号中短时变化的细节，使端点检测更加准确。由于帧在信号中滑动，因此帧的边缘处可能存在截断效应，从而导致帧边缘部分的能量估计不准确。通过重叠的分帧方式，可以缓解这种帧边缘效应，因为相邻帧之间的重叠区域可以弥补帧边缘部分的信息缺失。通过重叠的分帧方式，每个帧的能量估计可以与相邻帧的能量进行平滑处理，减少了能量估计的噪声和突变。这有助于消除信号中的短时能量波动，使端点检测更加稳定。

当然，在选择重叠比例时，需要进行适当的权衡。过大的重叠比例会导致帧之间高度相关，可能引入冗余信息；而过小的重叠比例可能导致信息丢失，无法捕捉到信号中的快速变化。常用的重叠比例为帧长度的一半，即50%的帧重叠，但重叠比例也可以根据具体信号特性进行调整。

2. 短时过零率

短时过零率是指在一段时间内信号经过零点的频率。信号的过零点表征信号从正向振动转向负向振动，即信号的正负发生变化。在数学上，信号的短时过零率可以表示为

$$ZCR = \frac{\sum \left| \mathrm{sgn}(x(i)) - \mathrm{sgn}(x(i-1)) \right|}{N} \tag{5.2}$$

式中，ZCR 表示帧信号的短时过零率，$x(i)$表示信号在第 i 个采样点的值，N 表示该帧内信号的采样点数量。式（5.2）描述了信号在帧内的正负变化次数的平均值。

在使用信号的短时过零率作为信号特征进行端点检测时，需要注意滤除信号的直流分量。使信号经过一个高通滤波器，通过对信号进行预加重，可以在增大信号高频成分权重的同时，过滤掉信号的直流分量。

与此同时，在信号处理过程中，同一个信号分帧后的帧长一般相同，可以使用过零数代替过零率，即以每帧信号经过零点的次数表征该信号。由于帧长相同，因此每帧信号的过零数处于同一个维度，具有一定的可比性，其与过零率的意义相似。当信号的过零率普遍较低时，使用过零数代替过零率更合适。

3. 短时能量结合短时过零率的端点检测方法

短时能量只是信号的时域特征之一，它并不能完整地描述信号包含的所有信

息。单独使用短时能量进行端点检测的方法有一定的局限性。当噪声水平较高时，单独使用短时能量可能会将噪声错误地判别为有效信号；同时，短时能量只关注信号在时域上的幅度变化，可能会忽略低能量的有效信号，从而导致误检、漏检。因此，短时能量和短时过零率常常结合在一起使用，两者分别代表了信号的幅度特性和频率特性，两者结合可以提高处理方法的准确性和稳健性。

为了进一步提高处理方法的准确性，对短时能量采用双门限阈值的处理方式。为信号特征设置一高一低两个阈值，设高门限阈值为 E1，低门限阈值为 E2。当帧信号的短时能量超过 E1 时，判断其后 3 帧信号是否均大于 E2，若是，则判别此时进入有效信号段；否则，判别为冲击噪声，忽略该帧。当帧信号的短时能量低于 E2 时，判别有效信号段结束。

为了提高该方法的适用性，首先对输入信号进行归一化，由于信号的幅度有正有负，因此对原始输入信号采取线性归一化处理，线性归一化公式为

$$X_N = \frac{2(x_i - x_{\min})}{x_{\max} - x_{\min}} - 1 \tag{5.3}$$

式中，x_i 表示该信号的原始值，X_N 表示该信号线性归一化后的值，$x_{\min}$ 表示该信号所有采样点中的最小值，$x_{\max}$ 表示该信号所有采样点中的最大值。

式（5.3）将信号线性归一化至[0, 1]。

短时能量结合短时过零率的端点检测方法的实现步骤如下。

步骤 1：首先对信号进行线性归一化、去噪处理，并对信号预加重，滤除信号的直流分量，使后续短时过零率的测量更准确。

步骤 2：将信号分为一定长度的帧，帧和帧之间有一定的重叠，设置帧长、帧移；选择合适的帧长和重叠比例，以充分反映信号的特性。

步骤 3：根据式（5.1）和式（5.2），分别计算每帧信号的短时能量和短时过零率。

步骤 4：对短时能量分别求均值、标准差、逐点均方根等统计特性；计算信号前 20 帧的平均过零率，将其看作静默状态下信号段的短时过零率。

步骤 5：结合帧信号短时能量的数字特征，设置合适的阈值作为判别帧信号是否为端点的判据。为了使能量特征更明显、更稳定，对短时能量求逐点均方根，以均值和标准差的差作为短时能量的高门限阈值，以均值和 2 倍标准差的差作为低门限阈值。求信号前 10 帧的平均过零率，将其看作在静默状态下信号段的短时过零率，并与帧信号的短时过零率进行比较，输出符合条件的帧序号。

步骤 6：根据帧序号结果，判断信号的起点和终点，并根据所设的帧长、帧移和采样率，求端点的时域横坐标。

实现该方法的 LabVIEW 程序框图如图 5.1 所示。

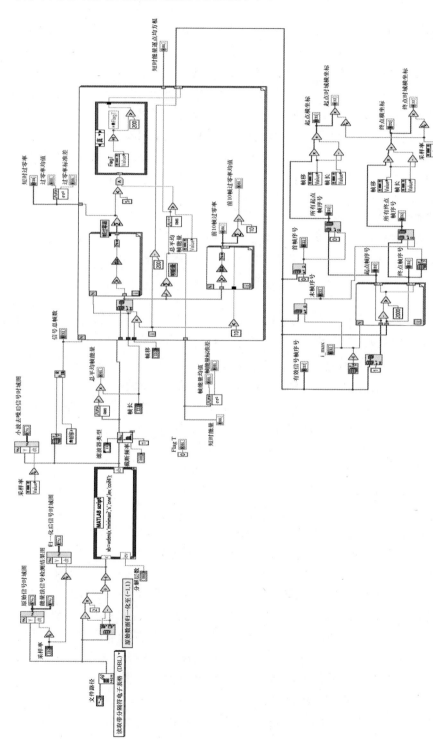

图 5.1 基于短时能量和短时过零率的端点检测方法的 LabVIEW 程序框图

4．试验与验证

基于短时能量和短时过零率的端点检测方法通过信号的能量及过零率的统计特征，设置一定的阈值，取帧信号能量的逐点均方根和前 10 帧过零率的平均值作为判断的特征依据。端点检测方法试验在周界安防的背景下，采集推光纤栅栏、切割光纤栅栏时光纤系统采集的信号，将光纤信号数据输入该方法程序中，并观察测试结果。各信号的重要节点数据波形及端点检测结果如图 5.2～图 5.9 所示，由此可知该方法在一定程度上可以实现信号端点检测。

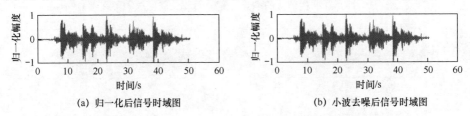

(a) 归一化后信号时域图　　　　　　(b) 小波去噪后信号时域图

图 5.2　推光纤栅栏信号的归一化后信号时域图和小波去噪后信号时域图

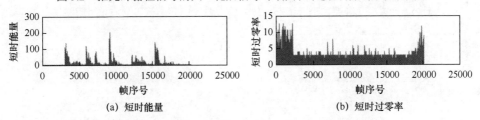

(a) 短时能量　　　　　　(b) 短时过零率

图 5.3　推光纤栅栏信号的短时能量和短时过零率

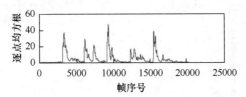

图 5.4　推光纤栅栏信号的短时能量逐点均方根

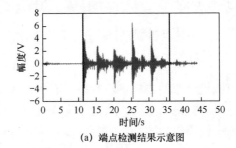

(a) 端点检测结果示意图

图 5.5　推光纤栅栏信号的端点检测结果及其局部放大图

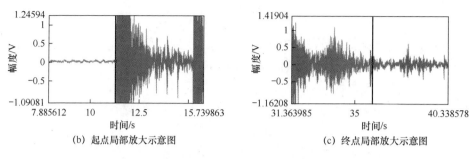

(b) 起点局部放大示意图   (c) 终点局部放大示意图

图 5.5   推光纤栅栏信号的端点检测结果及其局部放大图（续）

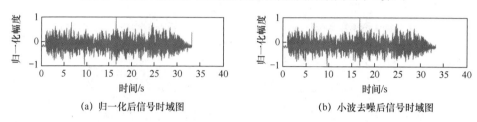

(a) 归一化后信号时域图   (b) 小波去噪后信号时域图

图 5.6   切割光纤栅栏信号的归一化后信号时域图和小波去噪后信号时域图

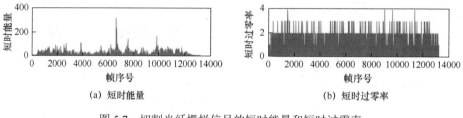

(a) 短时能量   (b) 短时过零率

图 5.7   切割光纤栅栏信号的短时能量和短时过零率

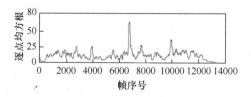

图 5.8   切割光纤栅栏信号的短时能量逐点均方根

5.1.2 基于谱质心的端点检测方法

1. 谱质心

谱质心，是频谱中能量分布的加权平均频率，其中，权重由各个频率分量的能量决定，用于描述信号频谱的重心。从数学上来说，一段信号的谱质心的值，等于该段信号中每个频率点与该频率点时域能量的积除以这段信号的总时域能量，计算公式为

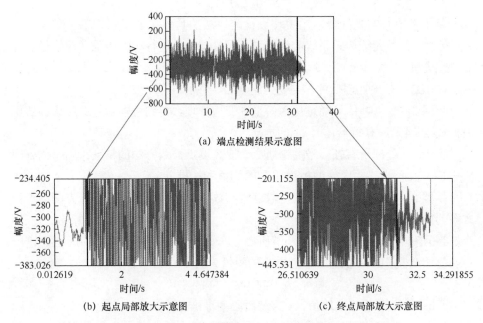

(a) 端点检测结果示意图

(b) 起点局部放大示意图　　　　(c) 终点局部放大示意图

图 5.9　切割光纤栅栏信号的端点检测结果及其局部放大图

$$f\_c = \frac{\sum_{i=1}^{N} f\_i |X(i)|^2}{\sum_{i=1}^{N} |X(i)|^2} \tag{5.4}$$

式中，f_c 为谱质心，N 为 FFT 点数，f_i 是第 i 个频率点的频率，|X(i)|是第 i 个频率点的幅度。

谱质心表示一段信号的加权平均频率，因此，谱质心的单位通常为赫兹（Hz）或千赫兹（kHz），表示信号频谱中心的位置。

谱质心结合了信号在时域的能量与在频域的频率，包含了信号能量的集中度信息和频谱的分布特征，是信号处理与频谱分析的一个重要参数。

2. 谱质心端点检测方法

在静默状态下的信号段中，信号的能量一般较低，此信号段频率的权重较小，此时谱质心较小；在有效信号段中，信号的能量相对较高，此信号段频率的权重较大，此时谱质心更大。两者的谱质心特征有明显区别，基于这一点，可以通过分析信号能量的频谱分布特征，将谱质心作为判断信号是否处于有效信号段的特征依据，再利用一定的阈值化处理方法，确定信号的端点位置。

基于谱质心的光纤传感系统端点检测算法的具体实现步骤如下。

步骤1：对光纤传感系统的信号进行预处理，并进行小波去噪，对信号进行归一化处理。

步骤2：对预处理后的信号进行分帧。

步骤3：令每帧信号经过快速傅里叶变换处理，得到每帧信号的频谱；然后根据式（5.4）计算每帧信号的谱质心。

步骤4：处理所有帧信号的谱质心，提高端点检测方法的精度；归一化处理后进行中值滤波，并求滤波后谱质心的均值和标准差。

步骤5：估计谱质心的阈值，取谱质心数组的质量分布图，即直方图，求直方图的局部最大值。

当只有一个局部最大值时，谱质心分布比较集中。设谱质心的阈值为谱质心均值加0.5倍的标准差，即谱质心的阈值为

$$f_0 = \text{mean} + 0.5s \tag{5.5}$$

式中，mean为谱质心的均值，s为谱质心的标准差。

当存在两个局部最大值时，设第一个局部最大值、第二个局部最大值分别为M_1、M_2，权重为a，此时谱质心的阈值为

$$f_0 = \frac{aM_1 + M_2}{a + 1} \tag{5.6}$$

步骤6：对谱质心进行阈值化处理。当检测到当前帧信号的谱质心超过谱质心的阈值时，则判断后续5帧信号的谱质心是否仍然大于谱质心的阈值，若是，则判定该帧信号为有效信号，将帧序号存储在数组中；否则，判定该帧信号为冲击点，忽略该帧信号。

步骤7：通过比较有效帧序号数组中相邻帧序号的差，判断求得的有效帧信号中的起点帧序号和终点帧信号，并将其转化为时域横坐标，即该段信号的端点横坐标。

基于谱质心的端点检测方法的LabVIEW程序框图如图5.10、图5.11所示。

为了提高基于谱质心的端点检测方法的稳健性，当帧信号的能量小于总平均帧能量的0.005%时，谱质心为0。由式（5.6）可知，权重a越大，谱质心的阈值越趋于M_1，在本试验中取$a = 10$。

3. 试验与验证

与基于短时能量和短时过零率的端点检测方法相同，在信号处理前对输入信号进行线性归一化处理，使端点检测方法对不同信号的适用性更高。

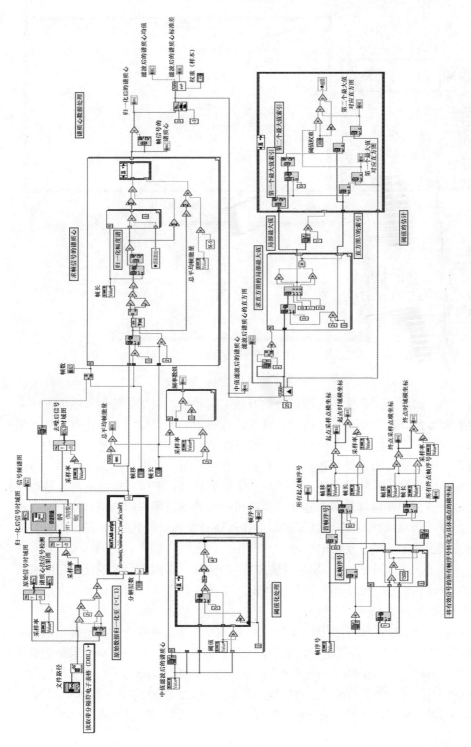

图 5.10　基于谱质心的端点检测方法的 LabVIEW 程序框图

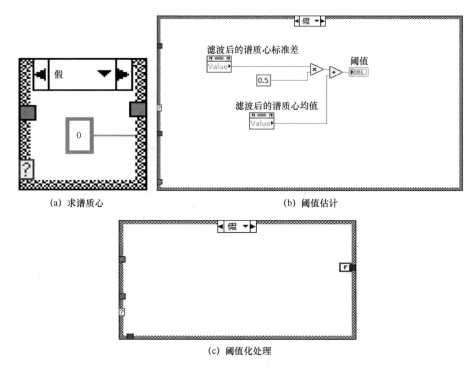

(a) 求谱质心　　　　　　　　　　(b) 阈值估计

(c) 阈值化处理

图 5.11　条件结构中"假"分支框图

为了验证基于谱质心的端点检测方法的有效性，取光纤信号数据输入该端点检测方法，并观察试验结果。与输入信号的预处理类似，为了让每个输入信号处在同一个维度，提高检测精度，求得帧信号的谱质心后要对其进行归一化处理。由谱质心的定义可知，谱质心是一个非负值，所以可以将所有帧信号的谱质心除以谱质心的最大值，将其归一化至（0，1）。谱质心结合了在信号时域的能量特征和在频域的频率特征，因而信号的频谱特性将影响端点检测方法的适用性。谱质心的直方图可以直观地反映谱质心在各个值之间的频次分布情况，在一定程度上反映了阈值的选取。

对于切割光纤栅栏、攀爬光纤栅栏两种情况，其测得信号预处理后的时域图、滤波前后的谱质心图、信号的频谱、谱质心直方图、端点检测结果及其局部放大图如图 5.12～图 5.15 所示。

由上述试验结果可知，基于谱质心的端点检测方法能够有效地检测出信号的端点。然而，谱质心是频率以能量为权重的加权平均值，当信号中有大量的高频噪声，同时有效信号的频谱主要集中在 0 附近时，即当能量主要分布于极低的频率处，而较高频率处的能量分布极少时，端点检测方法的精度会受到影响。能量和频率互相牵制，使信号的谱质心特征不再突出，容易产生误检、漏检。

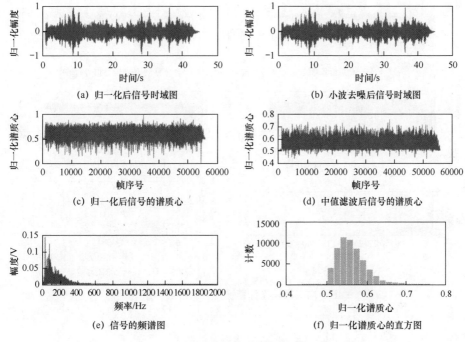

图 5.12　切割光纤栅栏信号的特征示意图

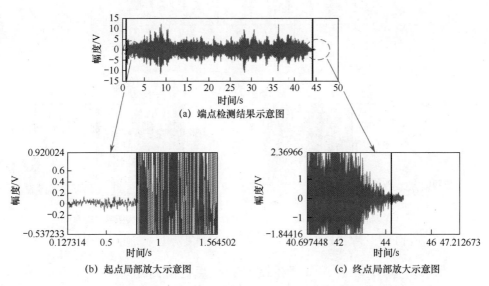

图 5.13　切割光纤栅栏信号的端点检测结果及其局部放大示意图

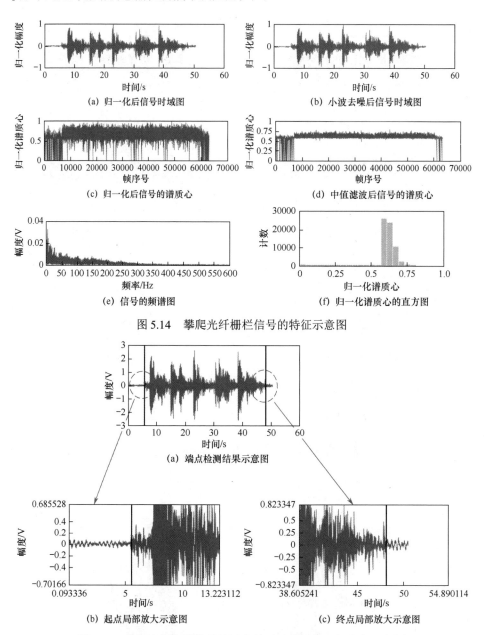

图 5.14　攀爬光纤栅栏信号的特征示意图

图 5.15　攀爬光纤栅栏信号的端点检测结果及其局部放大示意图

5.1.3　基于能量、谱熵相结合的端点检测方法

1. 谱熵

谱熵[1]是一种用于描述信号频谱信息的统计量。它可以反映信号在频域的

复杂程度和均匀性，通常用于信号分析与处理中的特征提取和分类任务。

谱熵的计算方法通常是，基于信号的功率谱密度（PSD）函数，将信号从时域变换到频域，然后计算频域内信号的能量分布。在功率谱密度函数的基础上，可以计算得到信号的谱熵，其计算公式为

$$H(f) = -\sum_{i=1}^{N} P(\text{f\_i}) \log_2 P(\text{f\_i}) \tag{5.7}$$

其中，f_i 是频域内的一个离散频率点，N 是频域内的离散频率点个数，$P(\text{f\_i})$ 是信号在该频率点上的功率谱密度。

谱熵的值越大，表示信号频谱越复杂、越不均匀；谱熵的值越小，表示信号频谱越简单、越均匀。谱熵在语音信号处理、图像处理和生物信号处理等领域都有广泛应用[2]。

2. 能量谱熵积

能量谱熵积是一种用于信号分析与处理的特征量，通常用于语音信号的端点检测、说话人识别、语音情感识别等任务，也可以作为端点检测的信号特征指标[3]。

能量谱熵积包括 3 个部分，即信号能量、信号功率谱的熵、信号功率谱的积。其中，信号能量表示信号的总能量，是信号在时域内的统计量；信号功率谱的熵是描述信号频谱分布的统计量，是信号在频域内的统计量；信号功率谱的积是反映信号频谱分布均匀性、平滑度的统计量，是信号在频域内的统计量。

对于一个长度为 N 的信号 $x(n)$，它的能量 E 可以表示为

$$E = \sum_{n=1}^{N} x^2(n) \tag{5.8}$$

信号功率谱密度 $P(f)$ 可以表示为

$$P(f) = \frac{1}{N} \left| \sum_{n=1}^{N} x(n) \mathrm{e}^{-\mathrm{j}2\pi fn} \right|^2 \tag{5.9}$$

式中，j 为虚数单位，f 为频率。

信号功率谱的熵可以表示为

$$H(f) = -\sum_{i=1}^{N} P(\text{f\_i}) \ln P(\text{f\_i}) \tag{5.10}$$

由于在语音信号中，信号的频谱总是集中在特定的频率范围内，因此信号功率谱的熵总是大于 1，此时可以通过信号的能量与信号功率谱的熵的乘积，得到能量谱熵积，增大短时能量的信号特征；而光纤信号的频谱一般较为平坦，信号功率谱的熵总是小于 1，此时求信号的能量与信号功率谱的熵的比值，即

得到能量谱熵比，也可以增大短时能量的信号特征。

因此，求信号的短时能量与信号功率谱的熵的比值，也可以得到新的特征参数能量谱熵比 HE，即

$$HE = \frac{E}{H(f)} \qquad (5.11)$$

能量谱熵比可以提取信号在时域和频域的重要信息，引入信号功率谱的熵作为信号的特征参数之一，可以令信号的能量作为判据更加可靠。能量谱熵比结合了短时能量法与谱质心法端点检测的长处，弥补了两者的不足，提高了端点检测方法的抗噪性和稳健性。

3. 基于能量、谱熵相结合的端点检测方法简介

基于能量、谱熵相结合的端点检测方法的基本思想是，将语音信号分成若干个帧，对每帧信号计算能量、功率谱的熵，进而求得能量谱熵比。通过设定阈值来检测帧信号的能量谱熵比的变化，从而确定信号的起点和终点。

在 LabVIEW 上实现该端点检测方法的具体步骤如下。

步骤 1：对信号进行预处理。首先对输入信号进行线性归一化处理，然后进行小波去噪，并使用 For 循环配合数组子集，对信号进行分帧，通过输入控件设置帧长和帧移。

步骤 2：在 For 循环内，计算每帧信号的能量和功率谱密度。

步骤 3：根据式（5.8）求得每帧信号的能量，根据式（5.10）通过功率谱密度计算得出每帧信号功率谱的熵，并将每帧信号的短时能量与功率谱的熵相除，求得能量谱熵比 HE。

步骤 4：计算前 10 帧信号的功率谱的熵、能量谱熵比，并将其分别作为背景噪声的功率谱的熵估计值、能量谱熵比。

步骤 5：估计信号特征的阈值，并对每帧信号进行阈值化处理，求得端点横坐标。

基于能量谱熵比检测端点方法的 LabVIEW 程序框图如图 5.16 所示。

4. 试验与验证

在信号处理前，对输入信号进行线性归一化处理，使端点检测方法对不同信号的适应性更高。对线性归一化处理后的信号进行小波去噪，并对信号分帧，随后对每帧信号求短时能量、功率谱的熵，进而求得能量谱熵比。取前 20 帧信号，求其平均功率谱的熵和平均能量谱熵比，分别作为背景噪声的平均功率谱的熵估计值、平均能量谱熵比。

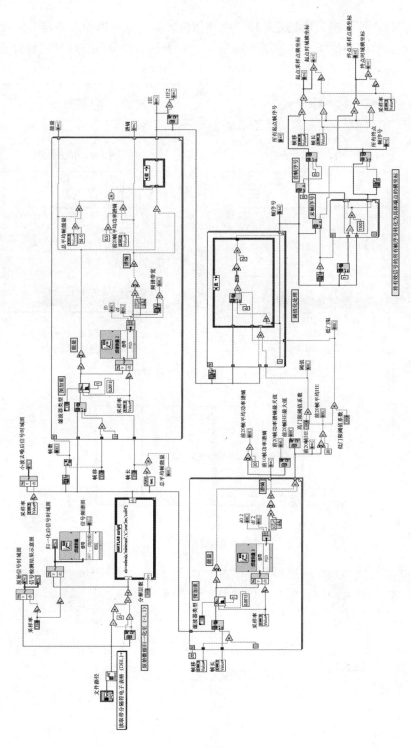

图 5.16 基于能量谱熵比检测端点方法的 LabVIEW 程序框图

对于推光纤栅栏、切割光纤栅栏两种情况，取信号数据输入该端点检测方法，观察试验结果如图 5.17～图 5.20 所示，可见该方法具有良好的识别效果。

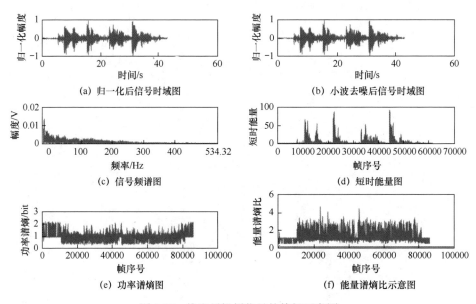

(a) 归一化后信号时域图　　　　　　　(b) 小波去噪后信号时域图

(c) 信号频谱图　　　　　　　　　　　(d) 短时能量图

(e) 功率谱熵图　　　　　　　　　　　(f) 能量谱熵比示意图

图 5.17　推光纤栅栏信号的特征示意图

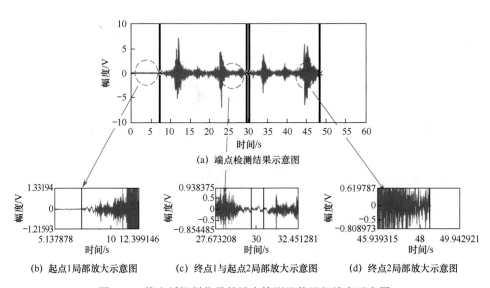

(a) 端点检测结果示意图

(b) 起点1局部放大示意图　　(c) 终点1与起点2局部放大示意图　　(d) 终点2局部放大示意图

图 5.18　推光纤栅栏信号的端点检测及其局部放大示意图

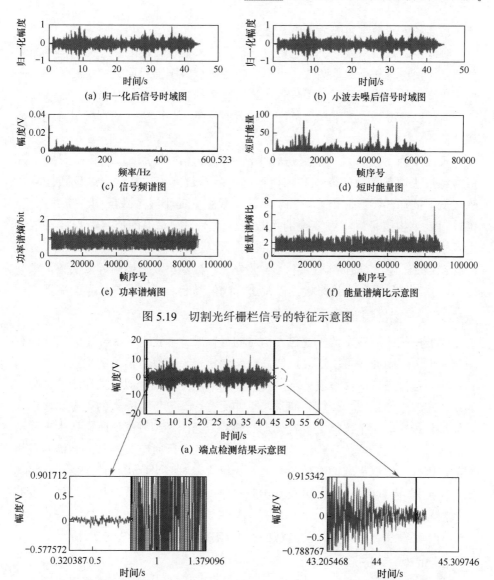

图 5.19　切割光纤栅栏信号的特征示意图

图 5.20　切割光纤栅栏信号的端点检测及其局部放大示意图

5.1.4　基于小波变换的端点检测方法

1. 小波变换

小波变换是一种时频分析方法，它将信号分解成多个尺度的小波系数，反映了信号在不同频率上的能量分布，可以有效地描述信号的局部特征和频率分布，是信号处理中常用的分析方法之一[4]。

小波基函数是小波分析的基础，它决定了人们是否能准确地提取信号的频率信息。使用这些小波基函数，可以将信号分解成不同尺度上的小波系数，而每个尺度上的小波系数反映了信号在该尺度上的频率信息。对信号进行多尺度分解，可以获得不同频率成分的细节和近似信息，从而更好地解析信号的特征和结构[5-7]。

尺度变换可以通过对信号进行平滑和降采样操作实现。在每个尺度上，信号经过小波基函数的卷积和加权得到小波系数。小波系数可以反映信号在该尺度上的局部特征和能量分布。将每个尺度上的小波系数反向变换并加权，可以得到重构信号。小波变换的系数表征了不同频率上的信号特点，对信号进行小波分解后，提取相关的近似系数，通过对近似系数的分析可以解析信号的端点[8]。通过对信号进行 4 层小波分解，提取小波变换的近似系数，求其能量，并对能量求逐点均方根，以及进行阈值判断，可以求得信号的端点。

2. 小波变换端点检测方法

小波变换的近似系数主要包含信号的低频成分，也就是涵盖了大部分的有效信号成分，因此，可以通过近似系数的能量来表征有效信号的位置。首先，将待检测信号进行多级小波分解，得到在不同尺度上的近似系数和细节系数。其次，选取近似系数，计算其能量，具体而言，计算近似系数的平方和，作为其能量。最后，对于该能量设置一定的阈值，当能量超过阈值时，认为出现了有效信号。小波分解的各阶细节和近似重构后的实际时空长度与原始信号是相同的，因此，根据提取的有效信号的系数位置，对横坐标进行伸缩变换，将其归一化至采样点区间内，即可求出对应的数据采样点的位置，从而得到端点的时域横坐标。

基于小波变换的端点检测方法的 LabVIEW 程序框图如图 5.21 所示。

3. 试验与验证

基于小波变换的端点检测方法对小波去噪后的信号进行 4 层小波分解，选用 Symlet2 小波基函数，提取近似系数，计算近似系数的能量，求得能量的逐点均方根，并将其作为判断有效信号的特征依据。

对于攀爬光纤栅栏、切割光纤栅栏两种情况，将光纤信号数据输入该端点检测方法程序中，观察测试结果，可知该端点检测方法在一定程度上可以实现信号端点的识别。各信号的重要节点数据波形，以及端点检测结果如图 5.22～图 5.25 所示。

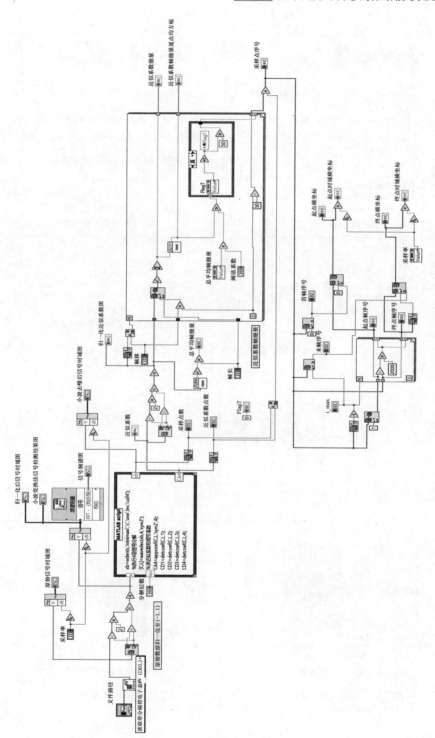

图 5.21 基于小波变换的端点检测方法的 LabVIEW 程序框图

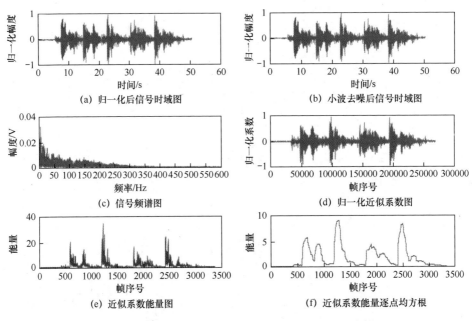

(a) 归一化后信号时域图

(b) 小波去噪后信号时域图

(c) 信号频谱图

(d) 归一化近似系数图

(e) 近似系数能量图

(f) 近似系数能量逐点均方根

图 5.22　攀爬光纤栅栏信号时域图和小波变换信号特征图

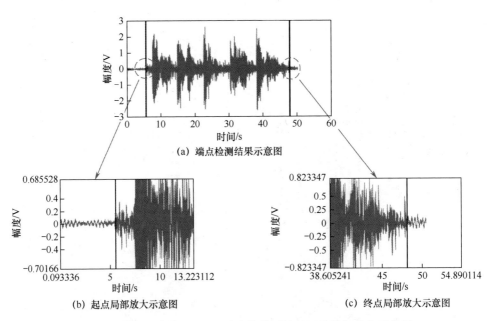

(a) 端点检测结果示意图

(b) 起点局部放大示意图

(c) 终点局部放大示意图

图 5.23　攀爬光纤栅栏信号小波变换检测结果及其局部放大示意图

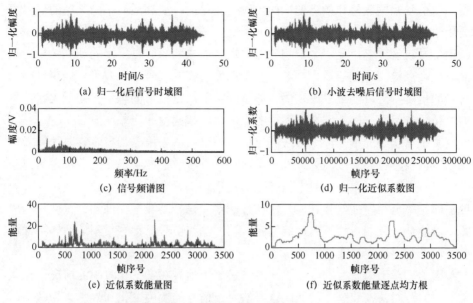

图 5.24　切割光纤栅栏信号时域图和小波变换第 2 层细节系数图

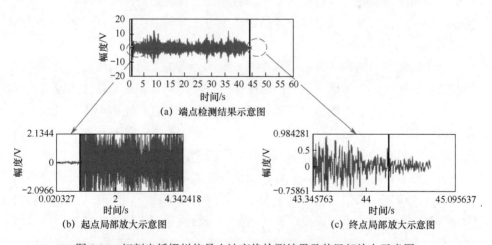

图 5.25　切割光纤栅栏信号小波变换检测结果及其局部放大示意图

5.1.5　四种端点检测方法的比较和分析

理论研究结合试验结果可知，基于短时能量的端点检测方法，基于谱质心的端点检测方法，基于能量、谱熵相结合的端点检测方法，基于小波变换的端点检测方法，这四种端点检测方法各有优缺点。

用信号的短时能量结合短时过零率来检测端点的方法计算量较小且易于实

现；对信号幅度变化和频谱变化的检测较为稳健，能够适应不同类型的信号，适用于信号的幅度变化明显的情况。但是，基于短时能量的端点检测方法对于噪声信号较为敏感，噪声会影响信号的短时能量和短时过零率的计算结果，从而导致端点检测的误差增大；对于非平稳性较强的信号检测效果不理想，因为信号的短时特征可能难以反映信号的整体特征；在信号的频率变化较大或信号的能量分布不均匀等特殊情况下可能出现误检或漏检的现象。

基于谱质心的端点检测方法利用信号的谱质心来检测端点。该方法受噪声的影响较小，能够有效地处理噪声干扰；计算量较小，实现较为简单，具有较高的实时性和运行效率；对于信号频率变化和幅度变化的适应性较强，能够处理不同频率范围内的信号。但是，该方法对于信号的非平稳性和突变性较为敏感，可能会导致端点检测的误差增大；该方法在信号频谱分布不均匀等特殊情况下可能会出现误检或漏检的现象。

因此，基于谱质心的端点检测方法适用于信号频谱变化较小的情况，在此情况下的检测精度较高。但是，该方法对于信号的幅度变化和噪声较为敏感，在实际应用中需要注意对信号的非平稳性和突变性进行特殊处理，以保证检测精度和稳定性。另外，该方法需要结合其他方法对端点检测进行优化，以提高检测精度、减小误检率。

基于能量、谱熵相结合的端点检测方法综合考虑了信号的能量、功率谱的熵和功率谱密度，并考虑了信号的幅度变化、频谱变化和非平稳性等因素。该方法结合了多种特征，能够有效地处理信号的非平稳性和噪声干扰等问题，具有较高的准确性和稳定性；计算量较小，实现较为简单，具有较高的实时性和运行效率；具有较高的端点检测精度，具有较高的稳健性和稳定性。但是，该方法需要对多种特征进行加权综合，权重的设置需要进行调试，权重选择不当会影响检测精度；在信号的频谱分布不均匀等特殊情况下，可能会出现误检或漏检现象。在实际应用中需要注意对信号的基线漂移、谐波干扰和突变性等问题进行特殊处理，同时需要对多种特征进行加权综合，权重的设置也需要进行调试，以保证端点检测的精度和稳定性。

基于小波变换的端点检测方法利用小波分析技术来检测信号的端点。该方法可以有效地处理信号的非平稳性和噪声干扰等问题，能够适应信号的频谱变化，对于信号的频率变化和幅度变化均具有较好的适应性。但是，该方法对于小波基函数的选择和分解层数的设置较为敏感，选择不当会影响端点检测精度；同时，选用近似系数表征信号也会损失许多高频信息。

5.2 去噪分析

噪声是影响相关检测结果和定位精度的重要因素之一。本节将对系统中产生噪声的原理，以及消除噪声影响的方法进行分析。

5.2.1 系统噪声分析

根据前面的分析可知，分布式光纤传感系统的定位功能主要由光路、处理电路、信号处理 3 个部分实现，而噪声是通过光路和处理电路引入的。

1．光路噪声

1）光源噪声

光源噪声主要与光源特性有关，分为由光源输出功率变化引起的光源强度噪声，以及光路中的光返回光源引起的光源性能的下降。其中，降低光源强度噪声的主要措施是稳定光源的驱动电流、减小输出功率的波动；在光源和光纤耦合器之间加入光纤隔离器可以减小光返回光源的影响。

2）背向散射光等产生的散射噪声

长距离传感光纤沿线各点的光散射噪声累加形成的总散射噪声很大。此外，光纤之间连接采用的活动连接器，存在连接点反射光，这些都会对系统的定位造成影响，需要尽可能地减少这些噪声。光纤传感系统通过在传感末端引入相位调制器来消除散射噪声的影响。

3）随机噪声

光纤传感系统的传感光纤分布在很广泛的区域内，各地的温度、应力变化等环境因素都会产生一定的随机噪声。

2．处理电路噪声

1）光电检测器噪声

光电检测器噪声主要有热噪声、暗电流噪声、散粒噪声、低频噪声等，其中，热噪声对光电检测器影响最大。由热噪声引起的噪声电流的极性、大小及出现时间都是随机的，具有平均值为零的统计特性，因而热噪声是白噪声。

2）电路噪声

电路噪声指电路中接收、滤波和放大电路等引入的噪声，包括交流电干扰、半导体器件的热噪声，以及电源和接地引起的噪声。

3）量化噪声

在对干涉信号进行模数转换时，由于信号是在固定时间间隔内采样的，而信号的变化是连续的，因此会出现量化误差。由于量化噪声的相关时间短，相当于宽带噪声，因此可以将其视为白噪声。

5.2.2　小波去噪

检测到的振动信息中往往存在环境等的背景噪声，当信号受噪声的影响很大时，其无法直接用于分析定位，在定位前需要滤除信号中的噪声。信号的背景噪声主要包括大量的低频振动噪声、交流电频率噪声、高频噪声、高斯白噪声，以及不知道类型的非白噪声。根据频谱分布的规律和噪声的统计特征，目前的除噪技术分为多种类型。当信号和噪声的频带相互分离时，傅里叶变换是相当有效的除噪方法，但许多振动噪声和信号的频谱在整个频带内是互相混叠的，采用常规的低通滤波器等降噪方法效果不明显；而小波分析技术具有良好的时频局部分析性能，其在信号噪声去除领域得到了广泛的应用。随着快速小波变换算法的开发，小波分析技术已经成为信号噪声去除的主要方法之一。

小波去噪过程可以按照以下几个步骤完成。

步骤 1：对信号进行小波分解，选择一种合适的小波基函数，并确定小波分解的层数。

步骤 2：对小波分解得到的各个尺度下的高频系数进行阈值化处理，抑制属于噪声的小波系数。

步骤 3：利用底层的低频系数和经处理后的高频系数进行小波重构，得到降噪处理后的有用信号。

问题的关键是，用什么准则来判断小波系数属于噪声，还是属于信号。常见的准则包括阈值准则[9]、相关性准则[10]、模极大值准则[11]。相关性准则利用信号的小波变换在各尺度间有较强的相关性，特别是在边缘处同样具有较强的相关性，而噪声的小波变换在各尺度间没有明显的相关性这一特点，对噪声进行抑制[12]。这种方法的降噪效果比较稳定，但所需的计算量较大，并且需要对噪声方差进行估计。模极大值准则利用了信号的 Lipschitz 指数大于零，而噪声对应的 Lipschitz 指数小于零的特点对噪声进行抑制，这种方法具有良好的理论基础，但计算速度较慢，并且在实际应用中存在许多影响计算精度的因素，降噪效果并不是很好。工程中最常用的噪声去除方法是阈值去噪法。小波变换具有很强的去数据相关性的特点，使信号的能量在小波域内能够集中在一些大的小波系数中，即具有较大的小波系数，而噪声的能量分布于整个小波域，即具有较小的小波系数。因而，存在一个阈值，使噪声的小波系数都小于它。这样就可以通过设置一个阈值，并与小波系数相比，将小于此阈值的小波系数予以滤除，而大于此阈值的小波系数作为有用信号的小波系数予以保留。通过小波重构的方法就可以得到消除了噪声的振动信号。阈值去噪法的去噪效果主要依赖阈值的选取，如果阈值选取过大，则会丢失信号的有用信息；如果阈值选取过小，则会保留过多的噪声，去噪效果不理想。

对于如何选取阈值，常见的选取规则有以下几种[13]。

1. 全局统一阈值

如果含噪声信号的长度为 N，噪声信号方差为 σ^2，则全局统一阈值的计算公式为

$$\mathrm{Th} = \sigma\sqrt{2\log_2 N} \tag{5.12}$$

2. Stein 无偏风险估计（Stein's Unbiased Risk Estimate，SURE）阈值

将小波系数的平方由小到大排列，可以得到向量 $[w_1, w_2, \cdots, w_N]$，其中 N 为系数的个数。对于每个 w_i（$i=1,2,\cdots,N$），以其为阈值的风险可以表示为

$$r_i = \frac{N - 2i - (N-i)w_i + \sum\limits_{k=1}^{i} w_k}{N}$$

令 $i^{\mathrm{th}} = \mathrm{argmin}\, r_i$，则可以得到 Stein 无偏风险估计阈值为

$$\mathrm{Th} = \sigma\sqrt{w_{i^{\mathrm{th}}}} \tag{5.13}$$

3. 启发式 Stein 无偏风险估计阈值

启发式 Stein 无偏风险估计阈值是全局统一阈值和 Stein 无偏风险估计阈值的综合，当信号的信噪比很小时，Stein 无偏风险估计阈值会有很大的误差，若检测到这种情况，则选择全局统一阈值。设 W 为 N 个小波系数的平方和，令 $\eta = (W-N)/N$，$\mu = (\log_2 N)^{3/2}\sqrt{N}$，则启发式 Stein 无偏风险估计阈值为

$$\mathrm{Th} = \begin{cases} \sigma\sqrt{2\log_2 N}, & \eta < \mu \\ \min\left\{\sigma\sqrt{2\log_2 N}, \sigma\sqrt{w_{i^{\mathrm{th}}}}\right\}, & \eta \geqslant \mu \end{cases} \tag{5.14}$$

4. 极小−极大阈值

极小−极大阈值的原理是最小化最大风险估计，即

$$\mathrm{Th} = \begin{cases} \sigma(0.3936 + 0.1829\log_2 N), & N > 32 \\ 0, & N \leqslant 32 \end{cases} \tag{5.15}$$

本书选取启发式 Stein 无偏风险估计阈值，并对其进行改进，使不同尺度下对应的阈值不同，即

$$\lambda = \text{Th} / \lg(j+1) \tag{5.16}$$

式中，λ 为尺度 j 上的阈值。

阈值函数是对小波系数的处理方法，分为硬阈值函数和软阈值函数两种。硬阈值函数可以很好地保留信号的局部特征，但由于阈值函数的不连续性，重构信号会产生振荡。软阈值函数是连续的，重构信号比较光滑，但对大于阈值的小波系数进行了收缩，会使重构信号丢掉某些局部特征。

本书采取折中的方法，改进后的阈值函数为

$$w_{jk} = \begin{cases} \text{sgn}(w_{jk})(|w_{jk}| - \varepsilon\lambda), & |w_{jk}| \geqslant \lambda \\ 0, & |w_{jk}| < \lambda \end{cases} \tag{5.17}$$

式中，$\varepsilon \in [0, 1]$。本书光纤传感系统中设 $\varepsilon = 0.5$，可以使重构信号既较好地保留局部特征，又比较平滑。图 5.26 是不同阈值选取下对扰动信号去噪后的波形比较，可以看出采取本书光纤传感系统改进后的方法去噪效果较好。图 5.27 是微弱信号去噪后的波形比较，可以看出，本书光纤传感系统对于微弱信号的去噪效果也较好。

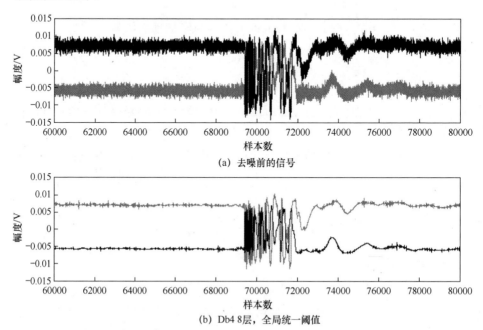

(a) 去噪前的信号

(b) Db4 8层，全局统一阈值

图 5.26　不同阈值选取下对扰动信号去噪后的波形比较

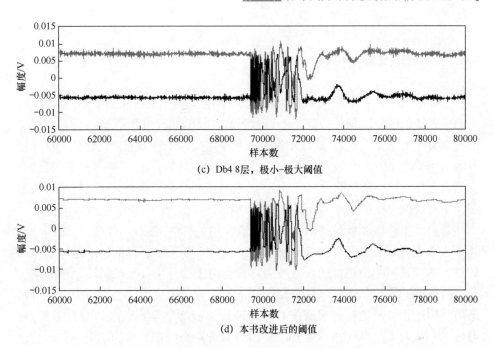

(c) Db4 8层，极小-极大阈值

(d) 本书改进后的阈值

图 5.26 不同阈值选取下对扰动信号去噪后的波形比较（续）

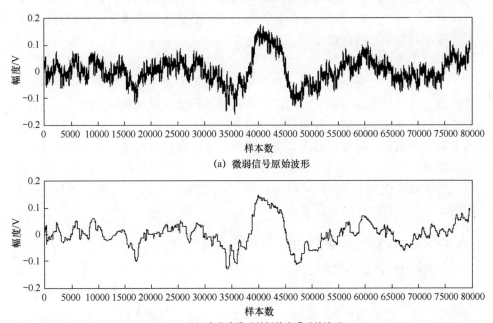

(a) 微弱信号原始波形

(b) 本书改进后的阈值去噪后的波形

图 5.27 微弱信号去噪后的波形比较

5.3 相位还原算法

分布式光纤传感系统从本质上来说属于相位调制型光纤传感器。作用于光纤上的外界扰动信号，根据光弹效应，引起光纤中传输光的相位变化（主要是光纤的应变引起的光程变化），通过干涉方法（宽谱光源干涉）获得包含外界扰动信息的两路干涉光的干涉信号。对干涉信号进行光电转换、放大、模数转换等处理，得到包含外界扰动信息的数字信号。为了获得扰动特征，需要采用信号处理的方法，从所获得的数字信号中解调出相位变化信号，这被称为相位还原。

目前，干涉型光纤传感器的解调一般采用相位生成载波（PGC）技术[14]和基于 3×3 光纤耦合器干涉的被动解调技术。对 PGC 用于解调的技术进行研究和仿真，结果表明相位还原的误差较大，这是由于信号中存在的直流分量会使积分结构出现漂移。基于 3×3 光纤耦合器干涉的被动解调技术主要分为：利用两路信号构造相位差的被动解调技术[15]；基于 3×3 光纤耦合器干涉信号的对称解调技术[16]。对上述两种技术进行改良，可以解决光纤耦合器的不对称性[17,18]。这些解调技术都不需要载波信号调制，可以设计成解调电路，也可以利用软件程序进行计算，灵敏度较高。但是，它们都用到了大量的微分积分运算电路，数学运算较复杂，所以很难保证解调精度，大多需要标定参数，这给实际应用带来了很大困难[19]。

本节提出了一种新的用于干涉型光纤传感器的相位还原算法，依据光纤传感系统 3×3 光纤耦合器输出的两路干涉信号的特征，通过对输出信号进行直流补偿、归一化处理，实现对相位信号的准确解调。从 5.3.1 节的理论分析可知，本节提出的相位还原算法只需要输出两路具有一定初始相位差的干涉信号，并且初始相位可以是任意的；数学运算简单，有利于通过软件程序实现；解调精度高；不需要载波，光路结构简单。本节提出的相位还原算法能够满足实际应用的要求，具有一定的实践意义。

5.3.1 相位还原算法理论分析

如果以 $\Delta\varphi(t)$ 表示含有外界扰动特征的相位变化信号，以其中的一路干涉信号为例，当不加载波时，所采用的干涉仪（一个 3×3 光纤耦合器）的两个输出端将产生具有一定相位差的干涉信号，光电检测器接收到的两路干涉信号表示为

$$I_1(t) = A(t) + B(t)\cos(\Delta\varphi(t) + \phi) \tag{5.18}$$

$$I_2(t) = A'(t) + B'(t)\cos(\Delta\varphi(t) - \phi) \tag{5.19}$$

式中，$I_1(t)$ 和 $I_2(t)$ 是 3×3 光纤耦合器的输出端得到的随时间变化的输出功率（单位：μW）；$A(t)$、$B(t)$、$A'(t)$、$B'(t)$ 是与输入光功率大小有关的量；ϕ 为整个系统的初始相位（无量纲），可视为常数。在 3×3 光纤耦合器分光比严格均分的情况下，ϕ 为 $2\pi/3$；在 3×3 光纤耦合器分光比非均分的情况下，也可以确定 ϕ 的值（类似于确定静态工作点）。因此，干涉仪输出的交流分量只与干涉系统中的相位变化 $\Delta\varphi(t)$（与扰动相关）有关。

未参与相干涉的光，以及两路在外界没有扰动源时通过相同传输路径的干涉光构成系统的静态光信号，最终形成了探测电路的直流电平，因而从硬件上设计电路对信号进行隔直。这样做一方面可以有效地隔离不对称的直流分量，另一方面提高了后续放大电路输出信号的动态范围。去除直流分量后的系统满足：当 $\Delta\varphi(t) = 0$ 时，$I_1(t) = I_2(t) = 0$，即当外界没有扰动信号时，输出的两路信号为零。此外，干涉仪 3×3 光纤耦合器的 3 个相位输出满足互补对称特性，因此有 $A(t) = -B(t)\cos\phi$，$A'(t) = -B'(t)\cos\phi$，则式（5.18）和式（5.19）可以表示为

$$\begin{cases} I_1(t) = B(t)\cos(\Delta\varphi(t) + \phi) - B(t)\cos\phi \\ I_2(t) = B'(t)\cos(\Delta\varphi(t) - \phi) - B'(t)\cos\phi \end{cases} \quad (5.20)$$

由以上分析可知，干涉信号的相位差对应于外界振动信号的变化，所以只要将 $\Delta\varphi(t)$ 通过相位还原方法还原出来，就可以反映原始振动信号的大小。用 PIN 管对光强进行转换，相位的变化可以通过光强的变化表现出来，即对相位进行余弦调制。光纤传感系统数字化解调的任务就是从两路调相信号中解调出外界扰动信号 $\Delta\varphi(t)$。

在解调过程中，考虑到实际光纤传感系统滤除的直流偏置，需要对直流信号 $B(t)\cos\phi$ 和 $B'(t)\cos\phi$ 进行计算，将参与干涉的两信号的直流分量补偿回来。

根据式（5.20），以其中的一路信号 $I_1(t)$ 为例进行分析。因为 $B(t)\cos\phi$ 是一个常量，所以 $I_1(t)$ 的极值点为 $B(t)\cos(\Delta\varphi(t) + \phi)$ 取得极值的点。

由三角函数的性质可知，$B(t)\cos(\Delta\varphi(t) + \phi)$ 的极值分别为 $\pm B(t)$，因此有 $I_1(t)$ 的最大值为

$$\max(I_1(t)) = B(t)(1 - \cos\phi) \quad (5.21)$$

$I_1(t)$ 的最小值为

$$\min(I_1(t)) = -B(t)(1 + \cos\phi) \quad (5.22)$$

由式（5.21）和式（5.22）可得系统直流分量的估算公式为

$$B(t)\cos\phi = -\frac{\max(I_1(t)) + \min(I_1(t))}{2} \quad (5.23)$$

同理可得

$$B'(t)\cos\phi = -\frac{\max(I_2(t)) + \min(I_2(t))}{2} \tag{5.24}$$

将式（5.23）、式（5.24）代入式（5.20），得到

$$I_1(t) - \frac{\max(I_1(t)) + \min(I_1(t))}{2} = B(t)\cos[\Delta\varphi(t) + \phi] \tag{5.25}$$

$$I_2(t) - \frac{\max(I_2(t)) + \min(I_2(t))}{2} = B'(t)\cos[\Delta\varphi(t) - \phi] \tag{5.26}$$

将式（5.21）与式（5.22）相减，$B(t)$ 可以表示为

$$B(t) = \frac{\max(I_1(t)) - \min(I_1(t))}{2} \tag{5.27}$$

同理，$B'(t)$ 可以表示为

$$B'(t) = \frac{\max(I_2(t)) - \min(I_2(t))}{2} \tag{5.28}$$

将式（5.27）、式（5.28）代入式（5.25）、式（5.26），可得系统归一化信号为

$$I_1'(t) = C(t)\cos[\Delta\varphi(t) + \phi] = 2\left[\frac{I_1(t) - \min(I_1(t))}{\max(I_1(t)) - \min(I_1(t))}\right] - 1 \tag{5.29}$$

$$I_2'(t) = C(t)\cos[\Delta\varphi(t) - \phi] = 2\left[\frac{I_2(t) - \min(I_2(t))}{\max(I_2(t)) - \min(I_2(t))}\right] - 1 \tag{5.30}$$

式中，$C(t)$ 为归一化因子。对于理想的试验数据，$C(t) = 1$。但在实际的试验测试中，由于系统误差，每个点对应的 $C(t)$ 不尽相同，所以，应对每组试验数据求出相应的 $C(t)$。

为了简化计算，将两路信号分别相加、相减表示为

$$I_+(t) = I_1'(t) + I_2'(t) = 2C(t)\cos\phi\cos\Delta\varphi(t) \tag{5.31}$$

$$I_-(t) = I_1'(t) - I_2'(t) = 2C(t)\sin\phi\sin\Delta\varphi(t) \tag{5.32}$$

由式（5.31）和式（5.32）可求出归一化因子为

$$C(t) = \sqrt{\left(\frac{(I_1'(t) + I_2'(t))}{2\cos\phi}\right)^2 + \left(\frac{(I_1'(t) - I_2'(t))}{2\sin\phi}\right)^2} \tag{5.33}$$

将式（5.31）和式（5.32）相除，$\Delta\varphi(t)$ 可以表示为

$$\Delta\varphi(t) = \arctan\left(\frac{I_-(t)}{I_+(t)}\bigg/\tan\phi\right) \tag{5.34}$$

根据上述理论进行编程，可以通过软件程序将反映外界扰动信号的干涉信

号相位差 $\Delta\varphi(t)$ 如实还原出来。当光纤耦合器具有严格的均分比时，ϕ 为 $2\pi/3$；当光纤耦合器非均分时，根据式（5.31）和式（5.32）可得

$$\tan\phi = \frac{I_{-A}(t)}{I_{+A}(t)} \tag{5.35}$$

其中，下标 A 表示 $I_{-}(t)$ 和 $I_{+}(t)$ 两路信号的幅度，将式（5.35）代入式（5.34）即可得到还原后的信号。从解调结果式（5.34）可以看出，外界扰动信号中没有 A、B 的出现，可以有效克服光源不稳定等带来的偏差，减小光源频率随机漂移导致的干涉仪输出的相位噪声，也就意味着光源的相干长度可以很短；输出两路信号的相位差可以任意（相位差为 π 除外），不要求光纤耦合器具有严格的均分比，这克服了基于光纤耦合器的对称解调技术的最大缺陷。此外，本书提出的解调技术没有用到微积分等复杂的函数，易于实现。

5.3.2 试验仿真

构造两路模拟信号来验证解调技术的准确性。给出原始扰动信号 $\Delta\varphi(t)$，令其为频率 5kHz、幅度 2.8V 的单频正弦信号，采样频率为 500kHz，按照式（5.18）和式（5.19）模拟两路干涉信号的时域波形，如图 5.28（a）所示，按照式（5.29）、式（5.30）进行归一化处理后的时域波形如图 5.28（b）所示。

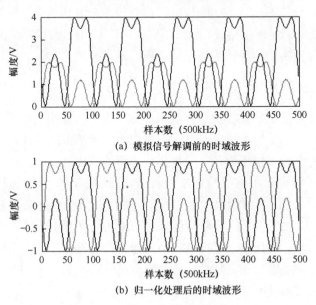

(a) 模拟信号解调前的时域波形

(b) 归一化处理后的时域波形

图 5.28 解调技术计算机试验仿真

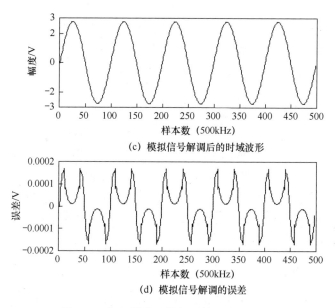

(c) 模拟信号解调后的时域波形

(d) 模拟信号解调的误差

图 5.28　解调技术计算机试验仿真（续）

利用上述解调技术得到的解调信号曲线比较光滑，如图 5.28（c）所示，可以如实地反映原始模拟信号。如图 5.28（d）所示的误差随时间呈现有规律的变化，并且最大误差不超过 ±0.00017V，相对于微分解调误差，解调精度有了显著的提高，能够满足应用要求。构造不同频率、不同幅度的模拟信号进行仿真，结果发现软件程序能将各种信号一一还原，动态范围较大。

5.3.3　实际扰动信号的相位还原

对相位还原方法的计算机仿真显示，通过本书所提相位还原方法可以从构造的干涉信号中还原出相位信号。以下将用本书所提的相位还原方法对实际的干涉光强信号进行相位还原，并分析相位还原的结果。

按照本书所提的相位还原方法，利用 LabVIEW 工具编制软件，在光缆 10km 处施加扰动，以 500kHz 的采样率采集这些信号，所采集的两路信号的波形如图 5.29（a）所示。这两路信号对干涉条纹光强有反应，不能如实地反映原始扰动信号。利用本书所提的相位还原方法对端点检测后截取的两路信号片段进行归一化处理和相位解调，其时域波形分别如图 5.29（b）和图 5.29（c）所示，能够如实地反映原始扰动信号。对同一位置施加不同扰动源的输出信号进行相应的解调，结果发现同样可以将扰动信号如实还原。试验证明，本书提出的解调技术是准确、有效的。

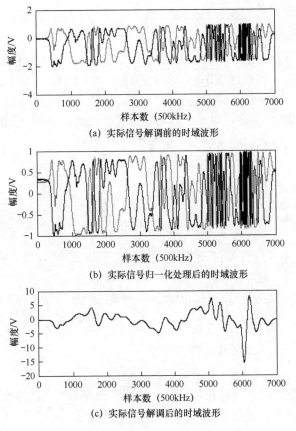

(a) 实际信号解调前的时域波形

(b) 实际信号归一化处理后的时域波形

(c) 实际信号解调后的时域波形

图 5.29　实际信号的相位还原

5.3.4　微弱信号的处理

利用本书提出的相位还原方法，首先计算光纤传感系统的直流分量，求得干涉信号的极值。但是，当外界扰动信号非常微弱时，如图 5.30 所示的信号，$\max(\Delta\varphi(t)) < 2\pi$，$I_1(t)$ 和 $I_2(t)$ 不能达到极值，也就是不能获得 $\max(I(t))$ 和

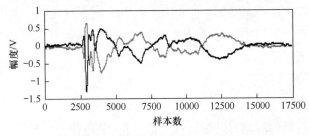

图 5.30　微弱扰动信号的 $I_1(t)$ 和 $I_2(t)$

$\min(I(t))$，计算系统直流分量的方法条件不满足，无法使用本书提出的相位还原方法。因此需要对微弱信号进行区别处理。

首先，从所检测到的信号中区分出微弱信号，由于系统接收端的光强会因为检测距离的长短和光源功率的大小而有所不同，因而不能简单地通过信号幅度的大小来区分强信号和微弱信号。通过分析式（5.20）发现，当且仅当 $\max(\Delta\varphi(t)) \geqslant 2\pi$ 时两路信号出现远离零点的交叉点，如图 5.31 所示。如果出现远离零点的交叉点，则表示信号为强信号。

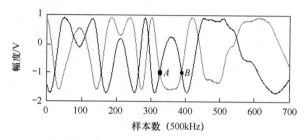

图 5.31 当且仅当 $\max(\Delta\varphi(t)) \geqslant 2\pi$ 时两路信号出现远离零点的交叉点

可以通过式（5.36）来查找交叉点，在端点检测后确定的采样片段内若未找到交叉点，则认为该信号是微弱信号。

$$(I_{1,i} - I_{2,i}) * (I_{1,i-1} - I_{2,i-1}) < 0 \tag{5.36}$$

对于微弱信号，可以根据强信号所对应的直流分量利用本书所提的相位还原方法进行解调。以如图 5.30 所示的微弱信号为例，根据式（5.36）判断此信号为微弱信号后，利用相位还原方法解调的信号如图 5.32 所示。

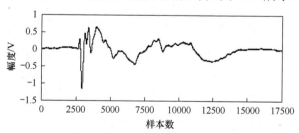

图 5.32 微弱信号解调后的时域波形

5.4 频谱分析

对得到的振动时域信号片段进行频谱变换，获得信号的频谱，利用式（2.39）可以在频域上获得振动信号的定位信息。对于振动信号的频谱，可以利用给定

的 N 个样本数据估计它的功率谱密度，也就是功率谱估计。功率谱估计一般可以分为经典功率谱估计（非参数估计）和现代功率谱估计（参数估计）[20-22]。本节对某一段扰动信号分别采用了快速傅里叶变换（FFT）谱估计、Welch 谱估计、现代功率谱估计中的 AR 谱估计，期望通过功率谱估计结果的对比来评价这三种方法的优劣，最终提出在本试验条件下最有效的频谱分析方法。

1. Welch 谱估计

经典功率谱估计方法是，以离散傅里叶变换为基础，采用 FFT。利用相关函数和傅里叶变换的卷积性质，将功率谱估计直接用样本数据的 FFT 来实现的方法，被称为周期图法。但是，利用周期图法得到的功率谱估计性能并不好，当样本数据长度 N 太大时，谱线起伏加剧；当 N 太小时，功率谱的分辨率又不高，于是出现了多种改进的方法，如 Bartlett 周期图法、Nuttall 谱估计和 Welch 谱估计等。

目前，经典功率谱估计中获得有效应用的方法是由 Welch 提出的修正周期图法，即 Welch 谱估计，又被称为加权交叠平均法。其本质是平均法，但吸收了平滑法的特点，是对 Bartlett 周期图法的改进。它对 Bartlett 周期图法进行了两个方面的修正：一是选择适当的窗函数，并在周期图计算前直接加进去，加窗的优点是无论选择什么样的窗函数均可使功率谱估计非负；二是在分段时使各段之间有重叠，这有效地减小了方差和偏差，抑制了随机噪声的影响，提高了功率谱估计质量，并满足了一致估计的要求。

Welch 谱估计的基本思想是，先采取数据分段、加窗处理，再求平均，即先分别求每段数据的谱估计，然后进行平均。概率统计理论证明，若将原长度为 N 的数据段分成 K 段，每段长度相同，设 $M = N/K$，如各段数据互相独立，则谱估计的方差将只有原来的 $1/K$，达到一致估计的目的。若 K 增大，M 减小，则分辨率下降；相反，若 K 减小，M 增大，虽然偏差减小，但谱估计方差增大。因此，在实际应用中必须兼顾分辨率和方差的要求，适当选取 K 和 M 的值。

Welch 谱估计流程如图 5.33 所示，在数据分段时，为了减小因分段数增大给分辨率带来的影响，允许各段数据有一定的重叠。

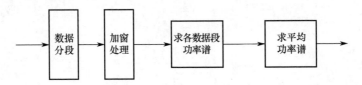

图 5.33　Welch 谱估计流程

Welch 谱估计的具体步骤如下。

步骤 1：将采样信号 $x_N(n)$（N 为信号的总长度）进行有部分交叠的分段，每段数据长度设为 M，若交叠一半（交叠率为 50%），则所分的段数为

$$L = \frac{N - M/2}{M/2}$$ 。

步骤 2：对每段数据进行加窗处理，窗函数可以是矩形窗、汉宁窗、汉明窗等，记为 $w(n)$。

步骤 3：分别计算每段数据的功率谱。

步骤 4：将功率谱相加取平均，得到序列的功率谱估计。

2. AR 谱估计

Welch 谱估计中信号的交叠增加了各段信号的相关性，各段信号不再是完全独立的，因此谱估计的方差不会减小到理论计算的程度。针对经典谱估计方差性能差、频谱分辨率低的缺点，人们提出并发展了现代功率谱估计方法，其中 AR 谱估计是现代功率谱估计中的主要方法。

AR 谱估计的步骤大致可以分为：为给定的随机信号建立合理的参数模型；根据信号的自相关函数估计所使用的模型参数；用估计得到的模型参数计算信号的功率谱密度。

为给定的随机信号建立合理的参数模型的出发点在于，随机信号 $s(n)$ 是白噪声 $h(n)$ 激励某个确定性的线性系统 $H(z)$ 所产生的，因此，只要已知白噪声的功率 σ_n^2 和线性系统的频率函数 $H(e^{j\omega})$，就可以根据随机信号通过线性系统的特点估计出信号的功率谱密度 $S_s(e^{j\omega})$，即

$$S_s(e^{j\omega}) = \left|H(e^{j\omega})\right|^2 S_h(e^{j\omega}) = \left|H(e^{j\omega})\right|^2 \sigma_n^2 \tag{5.37}$$

假设参数模型的输入 $h(n)$ 和输出 $s(n)$ 满足差分方程：

$$s(n) = \sum_{k=0}^{q} b_k h(n-k) - \sum_{k=1}^{p} a_k s(n-k) \tag{5.38}$$

式中，常数 p 和 q 被称为参数模型的阶数，两组常数 $\{a_k\}$ 和 $\{b_k\}$ 被称为参数模型的参数。

将式（5.38）两边进行 Z 变换，得到参数模型的传递函数 $H(z)$ 为

$$H(z) = \frac{s(z)}{h(z)} = \frac{\displaystyle\sum_{k=0}^{q} b_k z^{-k}}{1 + \displaystyle\sum_{k=1}^{p} a_k z^{-k}} \tag{5.39}$$

$H(z)$ 是一个有理分式，根据 $H(z)$ 的不同，可以采用不同的参数模型。本节采用自回归模型。

当 $b_0 = 1$，$b_k = 0$ （$k = 1, 2, \cdots, q$）时，式（5.38）和式（5.39）变为

$$s(n) = h(n) - \sum_{k=1}^{p} a_k s(n-k) \tag{5.40}$$

$$H(z) = \frac{1}{A(z)} = \frac{1}{1 + \sum_{k=1}^{p} a_k z^{-k}} \tag{5.41}$$

式（5.37）可表示为

$$S_s(\mathrm{e}^{\mathrm{j}\omega}) = \left| H(\mathrm{e}^{\mathrm{j}\omega}) \right|^2 \sigma_n^2 = \sigma_n^2 \left(\frac{1}{1 + \sum_{k=1}^{p} a_k \mathrm{e}^{-\mathrm{j}k\omega}} \right)^2 \tag{5.42}$$

式中，p 为参数模型的阶数。

在基于参数模型的谱估计中，模型阶数 p 的选择非常关键，它影响着谱估计的质量。针对不同的应用，业界提出了几种不同的准则，其中，在工程上被广泛应用的有 AIC 准则（信息论准则）[23]、FPE 准则（最终预测误差准则）[24]、CAT 准则（自回归传递函数准则）[25]。当信号的信噪比较大时，相关试验结果表明，这三种准则确定的最佳阶数基本一致，可以给出较佳的 p_r。在一般情况下，根据上述三种准则计算的 p_r 均随数据长度 N 单调增大，但其增大趋势比 N 的增大趋势要缓慢得多，通常限定为

$$p_{r\max} \leqslant N/2 \text{ 或 } \sqrt{N} \tag{5.43}$$

已知信号建立的模型参数之后，就可利用式（5.37）估计信号的功率谱密度。对于建立的参数模型，$H(\mathrm{e}^{\mathrm{j}\omega})$ 是多项式的有理分式，因此所得的功率谱密度是频率的连续函数，这就避免了频谱的随机起伏现象。如图 5.34 所示为对扰动信号采用不同的功率谱估计方法进行谱估计的结果比较。

本次试验数据为不加载波时在 20km 处敲击感应光纤所得到的信号，采样频率为 500kHz，截取的数据片段如图 5.34（a）所示，数据长度为 35000，持续时间为 0.07s。利用 5.3 节所述的相位还原方法对信号还原，得到的还原信号如图 5.34（b）所示。分别用 FFT 谱估计、Welch 谱估计和 AR 谱估计三种方法对信号进行频谱分析，得到的谱估计如图 5.34（c）～图 5.34（e）所示。Welch

谱估计中选取的是汉宁窗，窗长为 2048，信号交叠率为 50%；AR 谱估计根据阶数选取方法和实际应用确定阶数为 250。由图 5.34 的结果可知，对扰动信号利用不同的方法进行功率谱估计时，Welch 谱估计、AR 谱估计的结果与 FFT 谱估计的结果相比，统计性能明显改善，并且谱线较为光滑，假峰减少。但是，由于段内采样点数较多，并有混叠噪声存在，AR 模型不够平滑。通过以上分析可知，Welch 谱估计可以较成功地对扰动信号进行功率谱估计，为分析扰动信号的位置信息提供了有效的手段。

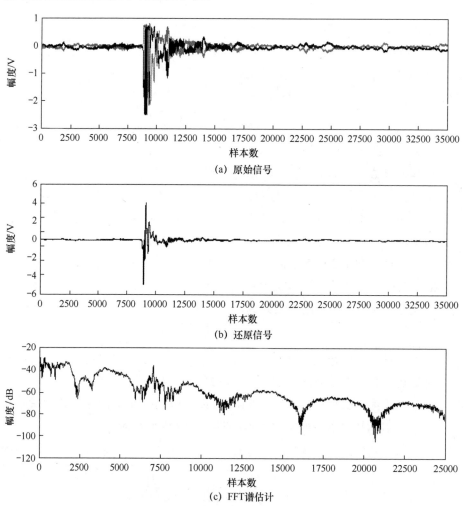

(a) 原始信号

(b) 还原信号

(c) FFT谱估计

图 5.34　不同功率谱估计方法进行谱估计的结果比较

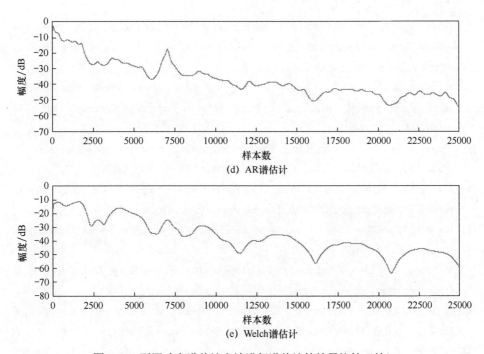

(d) AR谱估计

(e) Welch谱估计

图 5.34　不同功率谱估计方法进行谱估计的结果比较（续）

参 考 文 献

[1] L. Qiang, E. X. Hong, J. Z. Qiu. The Voice Activity Detection Algorithm Based on Spectral Entropy and High-order Statistics[J]. Applied Mechanics & Materials, 2014, 624: 495-499.

[2] Z. Yuxin, D. Yan. A Voice Activity Detection Algorithm Based on Spectral Entropy Analysis of Sub-Frequency Band[J]. BioTechnology: An Indian Journal, 2014, 10(20).

[3] 李荣荣, 胡昌奎, 余娟. 基于谱熵的语音端点检测算法改进研究[J]. 武汉理工大学学报, 2013, 35（07）: 134-139.

[4] 丁朋, 黄俊斌, 汪云云, 刘文, 顾宏灿, 唐劲松. 采用小波变换提取弱反射光纤布拉格光栅干涉信号[J]. 激光与光电子学进展, 2020, 57（19）: 82-88.

[5] M. Y. Yu, C. X. Yang, L. Q. Liu, J. W. Su. An Approach to Recognize Combined Faults of Rolling Bearing by Combing Discrete Wavelet Transform and Generalized S Transform[J]. Journal of Failure Analysis and Prevention, 2022, 23(1): 258-270.

[6] T. Teimoori, M. Mahmoudi. Damage detection in connections of steel moment resisting frames using proper orthogonal decomposition and wavelet transform[J]. Measurement, 2020(166): 166.

[7] Brusa Eugenio, Delprete Cristiana, Gargiuli Simone, Giorio Lorenzo. Screening of Discrete Wavelet Transform Parameters for the Denoising of Rolling Bearing Signals in Presence of Localised Defects[J]. Sensors, 2022, 23(1): 8.

[8] K. Feng, et al. A OFDR Signal Processing Method Based on Wavelet Transform for Improving Its Sensing Performance[J]. IEEE Photonics Technology Letters, 2019, 31(13): 1108-1111.

[9] Stephane Mallat and Wen Liang Hwang. Singularity Detection and Processing with Wavelets[J]. IEEE Transactions on Information Theory, 1992, 38(2): 617-643.

[10] Yansun Xu, J. B. Weaver, D. M. Healy, et al. Wavelet Transform Filters: A Spatially Selective Noise Filtration Technique[J]. IEEE Transactions on Image Processing, 1994, 3(6): 747-758.

[11] David L. Donoho and Iain M. Johnstone. Ideal spatial adaptation by wavelet shrinkage[J]. Biometrika, 1994, 81(3): 425-455.

[12] You Ning, Han Libo, Zhu Daming, Song Weiwei. Research on Image Denoising in Edge Detection Based on Wavelet Transform[J]. Applied Sciences, 2023, 13(3): 1837.

[13] P. Zhu, C. Xu, W. Ye and M. Bao. Self-Learning Filtering Method Based on Classification Error in Distributed Fiber Optic System[J]. IEEE Sensors Journal, 2019, 19: 8929-8933.

[14] W. Zhang, P. Lu, Z. Qu, J. Zhang, Q. Wu, D. Liu. Large-Dynamic-Range and High-Stability Phase Demodulation Technology for Fiber-Optic Michelson Interferometric Sensors[J]. Sensors, 2022, 22, 2488.

[15] 梁育雄，黄毓华，王升，宁娜. 基于非对称 3×3 耦合器的光纤相位解调研究[J]. 激光技术，2021，45（01）：25-30.

[16] C. Zhan, J. Wang, Y. Zhan, et al. Phase Demodulation Scheme for Long-Distance Distributed Mach-Zehnder Interferometer[C]//International Symposium on Photoelectronic Detection and Imaging, Beijing, China, 2007.

[17] Fei Y., He Y. M., Wang X. D., et al. Analysis of resonance asymmetry phenomenon in resonator integrated optic gyro[J]. Chinese Physics B, 2018, 27(8): 84213-084213.

[18] Wang Y., Lee, C. Effects of the linear mismatch and nonlinear asymmetry in the nonlinear coupler. Appl Phys B, 2001, 72: 417-424.

[19] Marie T., Yang B., Han D., et al. A Hybrid Model Integrating MPSE and IGNN for Events Recognition Along Submarine Cables[J]. IEEE Transactions on Instrumentation and Measurement, 71: 1-13[2024-01-17].

[20] 卢学佳，安博文，陈元林，李玉涟. 基于现代谱估计的光纤周界安防系统模式识别[J]. 光通信技术，2017，41（05）：59-62.

[21] Ran Z. L., Rao Y. J. A FBG sensor system with cascaded LPFGs and Music algorithm for dynamic strain measurement[J]. Sensors and Actuators A Physical, 2007, 135(2): 415-419.

[22] Tang Z., Zhang T., Zhang F., et al. Photonic generation of a phase-coded microwave signal based on a single dual-drive Mach-Zehnder modulator[J]. Optics Letters, 2013, 38(24).

[23] J. Bin, L. An'nan and X. Jie. An Improved Signal Number Estimation Method Based on Information Theoretic Criteria in Array Processing[C]. 2019 IEEE 11th International Conference on Communication Software and Networks (ICCSN), Chongqing, China, 2019, 193-197.

[24] Garway-Heath D. F., Zhu H., Cheng Q., Morgan K., Frost C., Crabb D. P., et al. Combining optical coherence tomography with visual field data to rapidly detect disease progression in glaucoma: A diagnostic accuracy study[J]. Health Technol Assess, 2018, 22(4).

[25] Theerthagiri P. Mobility prediction for random walk mobility model using ARIMA in mobile ad hoc networks[J]. J Supercomput, 2022, 78, 16453-16484.

第6章

基于经验模态分解的光纤振动信号特征提取

 分布式光纤传感系统中的非平稳随机信号处理技术

光纤传感器中的信号一般为非平稳随机信号，所以在对信号进行处理之前，有必要先了解非平稳随机信号的基本概念及其常用的分析方法。

6.1.1 非平稳随机信号的基本概念

从数学角度来讲，时间序列 $x(t)$，若 $\{x(t_1),\cdots,x(t_n)\}$ 的联合分布函数与 $\{x(t_1+\tau),\cdots,x(t_n+\tau)\}$ 的联合分布函数对所有的 $t_1,\cdots,t_n$ 且 $\tau\in T$ 都相同，则由随机过程 $\{x(t),\ t\in T\}$ 所表征的随机信号被称为严格平稳随机信号，这意味着信号的分布不随时间变化。

另外，若随机信号 $\{x(t),\ t\in T\}$ 同时满足

$$E\{x(t)\} = m \quad (m\text{为常数}) \tag{6.1}$$

$$E\{|x(t)|^2\} < \infty \tag{6.2}$$

$$R_\lambda[t_1,t_2] = R_\lambda(t_1-t_2) \tag{6.3}$$

则 $x(t)$ 被称为广义平稳随机信号。

一般来说，不是所有广义平稳随机信号都是非平稳随机信号。

非平稳随机信号是分布参数或分布律随时间发生变化的信号[1]。需要注意的是，平稳和非平稳都是针对随机信号而言的。

严格来说，在实际工程中绝大部分检测信号都是非平稳随机信号。根据上述数学定义，光纤振动信号是非平稳随机信号。

6.1.2 非平稳随机信号的分析方法

非平稳随机信号的统计特征是时间的函数[2]。与平稳随机信号的统计描述

类似，非平稳随机信号传统上采用概率和数字特征来描述，工程上多采用相关函数和时变功率谱来描述，近年来还发展了采用时变参数信号模拟描述的方法。此外，需要根据问题的具体特征规定一些描述方法。目前，非平稳随机信号还没有统一、完整的描述方法。

20 世纪 80 年代以前，受当时理论条件的限制，人们对信号进行分析仅局限于平稳的情况；20 世纪 80 年代以后，随着信号处理理论和应用的发展，对非平稳随机信号进行分析与处理的研究逐渐受到人们的广泛关注，并日益发展起来。非平稳随机信号分析与处理作为近年来新兴的一个重要领域，其具有技术的先进性和应用的广泛性，越来越显示出强大的生命力。

法国工程师傅里叶于 1807 年提出了傅里叶级数的概念，即任何一个周期信号都可以分解为复正弦信号的叠加。1822 年，傅里叶又提出了非周期信号分解的概念，这就是傅里叶变换。傅里叶变换由于其强大的功能及实现的简便性，已成为数据分析最有价值的工具，并在几乎所有的科技工程数据分析中得到了广泛的应用[3]。

傅里叶变换为

$$\hat{x}(\omega)=\int_{-\infty}^{\infty}x(t)\mathrm{e}^{-\mathrm{j}\omega t}\mathrm{d}t \tag{6.4}$$

其逆变换为

$$\hat{x}(\omega)=\frac{1}{2\pi}\int_{-\infty}^{\infty}\lim_{x\to\infty}\hat{x}(\omega)\mathrm{e}^{\mathrm{j}\omega t}\mathrm{d}\omega \tag{6.5}$$

傅里叶变换将时间和频率联系起来，在时域上难以观察的现象和规律，在频域上往往能十分清楚地显示出来。傅里叶变换给出了信号的整体频率度量，因此频谱往往成为傅里叶变换的代名词。傅里叶频谱分析的本质是对 $\hat{x}(\omega)$ 进一步加工、分析和滤波等的处理过程。但是，傅里叶频谱不包含任何频率随时间变化的信息，并且只在极为严格的条件下，即在所分析系统为线性系统、数据具有严格周期性或平稳性的条件下，才能得出正确、合理的结果。

在实际工程中，绝大多数检测信号都是非平稳随机信号，因此傅里叶变换只能代表信号能量的平均分布，无法呈现信号随时间变化的信息。信号的非平稳性和非线性都会引入谐波，从而引起能量的扩散，导致频域信号能量分布失真，容易造成判断错误。

对于非线性、非平稳随机信号，人们经常需要了解其在某一时刻的频率成分，或者某一频率成分的时间分布情况，因此，非平稳随机信号的时频分析具有很大的意义。通过时频分析，人们能够同时在时间和频率方面分析得到随机信号的各种特征。

在信号的时频分析方法中，信号的时域分辨率和频域分辨率之间的关系可以由 Heisenberg 测不准原理[4]来描述，即给定信号 $x(t)$，若 $\lim\limits_{t \to \infty} \sqrt{t}x(t)=0$，则 $\Delta t \Delta \omega \geqslant 0.5$，即给定的信号的时宽和带宽的乘积为一个常数。当信号的时宽减小时，其带宽将相应增大；当信号的时宽减小到无穷小时，其带宽将变为无穷大，如时域的 δ 函数。Heisenberg 测不准原理指出，信号的时宽和带宽不可能同时趋于无限小。Heisenberg 测不准原理的描述既是信号时频分析的极限制约，又是发展各种有效时频分析方法的动力和起因。

6.2 经验模态分解

6.2.1 经验模态分解瞬时频率

在信号处理过程中，为了对某个信号进行分析，必须先获得该信号的频域信息。傅里叶变换将时间和频率联系起来。在傅里叶变换中，一个平稳随机信号是由若干个恒定的不同频率、不同幅度的正弦信号叠加而成的，因此其只能表示该频率的信号存在于整个信号中，却不能说明该频率的信号什么时刻出现。要对信号进行傅里叶变换，首先要获得一个完整周期或一个波长的信号，否则得到的频域信息是没有意义的。这样，对于一个频率随时间变化的非平稳随机信号，傅里叶变换就显得毫无意义。

基于此，N. E. Huang 等[5]经分析之后提出了瞬时频率的概念。信号可以分为单分量信号和多分量信号两大类。单分量信号是指，在任意时刻，信号频率只有一个，称为瞬时频率；多分量信号是指，在任意时刻，信号频率不仅只有一个瞬时频率。

瞬时频率表示信号在局部时间点上的瞬态频率特性，反映了信号频率随时间变化的时变规律。

对一个非平稳随机信号 $x(t)$ 进行时频分析，需要先将其转变为复信号的形式。通常，将 $x(t)$ 作为复信号的实部，将 $x(t)$ 的 Hilbert 变换 $\hat{x}(t)$ 作为复信号的虚部，则复信号可以表示为

$$z(t) = x(t) + j\hat{x}(t) \tag{6.6}$$

将式（6.6）写成极坐标的形式，可得

$$z(t) = a(t)e^{j\varphi(t)} \tag{6.7}$$

复信号的瞬时幅度为

$$a(t) = \sqrt{x^2(t) + \hat{x}^2(t)} \tag{6.8}$$

复信号的瞬时相位为

$$\varphi(t) = \arctan\left[\frac{\hat{x}(t)}{x(t)}\right] \tag{6.9}$$

此时，复信号的瞬时频率为

$$f(t) = \frac{1}{2\pi}\frac{\mathrm{d}\varphi(t)}{\mathrm{d}t} \tag{6.10}$$

可见瞬时频率就是解析信号 $z(t)$ 的相位的倒数。

该瞬时频率的定义基于 Hilbert 变换[6]构造的复信号的相位的倒数，具有明确的物理意义，能够满足人们在很多情况下的直观感知，并且复信号的频谱与原始信号的频谱完全相同，因此该瞬时频率的定义得到了广泛的应用和认可。

为了得到有意义的瞬时频率，需要通过一种分解方法将信号分解成能够合理定义瞬时频率的单组分信号的形式。经验模态分解（Empirical Mode Decomposition，EMD）是指将信号分解为使瞬时频率有意义的各个组分，即本征模函数。

6.2.2　固有模态函数

为了保证对于任意一个非平稳随机信号都能求出其瞬时频率，研究人员在总结瞬时频率有意义的单组分信号应满足条件的基础上，提出了固有模态函数（Intrinsic Mode Function，IMF）这个概念[7]。

固有模态函数是一个单分量信号，其使瞬时频率具有了物理意义。一个 IMF 必须满足以下两个条件：

（1）在整个信号中，过零点的个数和极值点的个数应相同，或者至多差 1 个；

（2）信号上任意一点，由局部极大值点确定的包络线和由局部极小值点确定的包络线的均值为零，即信号关于时间轴局部对称。

第一个条件类似于平稳高斯过程中对传统窄带信号的要求。第二个条件是一个新观点，其将对全局的限制变为对局部的限制，去除了多个波动模态混叠对瞬时频率的影响，这样更加有利于对非平稳随机信号的计算。

一个固有模态函数没有约束为一个窄带信号，并且可以是频率和幅度的调制，还可以是非平稳的。

固有模态函数表征了数据的内在振动模式，整个周期中只包含了唯一一个频率。如图 6.1 所示就是一个典型的固有模态函数。

任何信号都是由若干个固有模态函数分量组成的。如果固有模态函数分量之间相互重叠，便形成了复合信号。对于一个非平稳随机信号，为了得到瞬时

频率，需要对它进行经验模态分解，以得到固有模态函数，然后进行 Hilbert
变换。

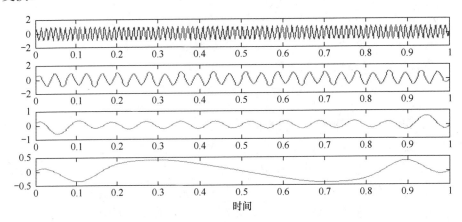

图 6.1　经验模态分解得到的固有模态函数

6.2.3　时间特征尺度

在解释任何物理数据时，最重要的参数是时间尺度和能量分布。定义局部
能量密度并不困难，但至今为止业界还没有给出明确的局部时间尺度的定义。
在傅里叶变换中，时间尺度被定义为连续、等幅三角函数分量的周期。这种定
义仅给出了时间和能量尺度的全局均值。因此，这些尺度在幅度和频率上完全
脱离了它们随时间变化这一事实。

Rice 曾用统计的方法对时间尺度进行定义，相关阐述参见文献 [8]。他假
设数据是线性平稳且正态分布的，并计算了过零点和极值点的数量。

（1）在数学上，对任何数据 $x(t)$，时间尺度定义为，满足 $x(t)=0$ 的所有 t
时刻为过零点的时间位置。相邻两个过零点的时间间隔就是过零点的时间尺度。

（2）时间尺度也可以定义为，满足 $\dot{x}(t)=0$ 的所有 t 时刻为函数极值点的时
间位置。相邻两个连续极值点的时间间隔就是极值点的时间尺度。

（3）还有一种时间尺度的定义是曲率极值点的时间尺度，即满足 $\dfrac{\ddot{x}}{(1+\dot{x})^{2/3}}=0$。
它是一种隐含的尺度，反映的是一种轻微振荡产生的局部变化的尺度。

Rice 公式是一种假设线性、平稳的表达式。Rice 定义了三种测量时间尺度
的方法：相邻两个过零点的时间间隔的时间尺度，相邻两个极值点的时间间隔
的时间尺度，相邻两个曲率极值点的时间间隔的时间尺度。

在这三种情况中，时间间隔都被用来局部测量数据的时间变化。局部极值
点的时间尺度和曲率极值点的时间尺度代表了整个波形，无论波形是否穿过零

线。N. E. Huang 等的分析认为，时间尺度代表了信号的局部振荡尺度，并且仅表示一种振荡模式。这种振荡从一个极值点到另一个相反的极值点，因此时间尺度是振荡本身所隐含的尺度，也被称为特征时间尺度。

经验模态分解使用的时间尺度是极值点的时间尺度，它提供了一种很好的对时间尺度测量的方法。该方法可以测量具有多个叠加波的带宽数据，这与人们对数据随时间变化的直觉一致。

6.3 分布式光纤振动信号的经验模态分解

6.3.1 经验模态分解的基本原理

对于固有模态函数，可以通过 Hilbert 变换建立一个解析信号，然后通过公式求得其瞬时频率。但是，一些非平稳随机信号往往不满足固有模态函数的条件，因此，为了便于分析，首先需要对这些非平稳随机信号进行经验模态分解。

经验模态分解是由 N. E. Huang 等提出的，他们通过对信号局部均值、特征时间尺度、瞬时频率三者关系的研究，提出可将任意一个信号分解成若干个固有模态函数分量的方法——经验模态分解，又称为经验筛选法。

经验模态分解的基本原理[9]是，任何一个信号都是由若干个固有模态函数分量叠加而成的。无论这些随机信号是线性的还是非线性的，是平稳的还是非平稳的，都应该具备如下条件：首先，具有相同数量的极值点和过零点，并且相邻的两个过零点之间只有一个极值点；其次，任意两个固有模态函数之间互不影响，并且它们的上包络线和下包络线必须是关于时间轴对称的。经验模态分解还认为，在任意一个时间段内，一个信号有很多个固有模态函数分量，这些固有模态函数分量经过相互叠加，就形成了一个复杂的信号。这就是经验模态分解的原理，基于这个原理才能对任意一个信号进行分解。

6.3.2 经验模态分解步骤

经验模态分解是建立在以下假设基础上的：

（1）信号至少有两个极值点，一个最大极值点一个最小极值点；

（2）特征时间尺度通过两个极值点之间的时间间隔定义；

（3）若信号缺乏极值点，但有变形点，则可以通过对信号微分一次或多次来获得极值点，然后通过积分来获得分解结果。

经验模态分解就像一个"筛子"，将信号的模态按不同的时间尺度区分出来。经验模态分解消除了多个模态的相互融合，这样得到的单一模态函数就消除了相互之间的影响，从而使波形变得协调、对称。经验模态分解从时域入手，首先将信号中频率最高的模态函数分解出来,然后分解出来频率较低的模态函数，直到模态函数变成一个单调函数。

经验模态分解的关键步骤是"筛"的过程，通过一遍遍筛选，得到原始信号的每个固有模态函数分量和趋势；再对每个固有模态函数分量进行 Hilbert 变换，就可以得到该分量所对应的瞬时特征，实现复杂信号的特征提取。

经验模态分解的具体步骤如下。

（1）将要分解的信号 $x(t)$ 赋给 $r(t)$，即 $r(t) = x(t)$，$i = 1$（i 为记录固有模态函数分量的个数）。

（2）确定要分解的信号 $r(t)$ 的局部极大值点和局部极小值点。

（3）通过三次样条插值方法将局部极大值点连接起来，形成信号的上包络线 $s_1(t)$；同样，将局部极小值点连接起来，形成信号的下包络线 $s_2(t)$。另外，所取的包络线要包含整个信号。

（4）取包络线的平均值 $m(t)$：

$$m(t) = \frac{s_1(t) + s_2(t)}{2} \tag{6.11}$$

（5）用要分解的信号 $r(t)$ 减去包络线的平均值 $m(t)$，得到差值 $h(t)$：

$$h(t) = r(t) - m(t) \tag{6.12}$$

（6）判断差值 $h(t)$ 是否满足固有模态函数的条件。

也就是说，在整个信号中，过零点的数量和极值点的数量必须相同，或者至多相差 1 个；信号上任意一点，由局部极大值点确定的包络线和由局部极小值点确定的包络线的均值为零，即信号关于时间轴局部对称。

一般利用标准偏差（SD）进行判断，即

$$\text{SD} = \sum_{t=0}^{T} \frac{|h(t) - r(t)|^2}{h(t)^2} \leqslant \varepsilon \tag{6.13}$$

式中，若常数 ε 的取值范围为 0.2~0.3，则满足标准偏差,停止计算,令 $c_1 = h(t)$,此时得到第一个固有模态函数分量;否则，将 $h(t)$ 作为输入信号，即令 $r(t) = h(t)$,重复步骤（2）~ 步骤（6），直到满足条件，得到一个固有模态函数。

上述筛选过程有两个目的：一是消除模态波形的叠加；二是使模态波形更加对称。为了分离固有模态函数和定义有意义的瞬时频率，第一个条件是必不可少的，在与邻接波形幅度相差很大的情况下，第二个条件也是必要的。基于以上目的，筛选过程不得不重复多次以获取一个固有模态函数。

（7）将 c_1 从 $x(t)$ 中分离出来，得到

$$r_1 = x(t) - c_1 \tag{6.14}$$

即分离得到第一个固有模态函数。

随后，将 r_1 作为原始信号，重复步骤（2）～ 步骤（7），将会得到原始信号 $x(t)$ 的第二个固有模态函数分量 c_2。

如此重复 n 次，将得到 n 个满足固有模态函数条件的固有模态函数分量，即

$$\begin{cases} r_2(t) = r_1(t) - c_2(t) \\ r_3(t) = r_2(t) - c_3(t) \\ \quad\vdots \\ r_n(t) = r_{n-1}(t) - c_n(t) \end{cases} \tag{6.15}$$

整个分解过程的停止条件为：当残余量 $r_n(t)$ 小于某个给定的值，或者成为一个单调函数时停止分解，因为单调函数不能分解出固有模态函数。即使信号的均值为零，最后的残余分量仍可以不为零。如果信号具有某种趋势，那么最后的残余分量就是趋势分量。

6.4 基于经验模态分解光纤振动信号的仿真及特征提取

6.4.1 仿真信号经验模态分解研究

为了能够更直观地阐述经验模态分解的优越性，同时验证本书所提出经验模态分解的正确性，本节选取一组正弦叠加信号进行仿真。

$$x(t) = 0.4 \times \sin(2\pi \times 12t) + 0.9 \times \sin(2\pi \times 26t) + \sin(2\pi \times 84t) \tag{6.16}$$

从函数 $x(t)$ 中可以看出，3 个正弦信号的频率分别为 12Hz、26Hz、84Hz，信号的幅度分别为 0.4、0.9、1。仿真输入信号如图 6.2 所示。

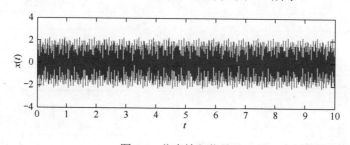

图 6.2　仿真输入信号

图 6.3、图 6.4 为仿真信号经过经验模态分解得到的前 8 个固有模态函数分量及其对应的频谱图。如图 6.5 所示为利用峭度法求得的固有模态函数分量能量分布直方图。从固有模态函数分量能量分布来看，输入信号 $x(t)$ 的能量主要集中在前 3 个固有模态函数分量上，即前 3 个固有模态函数分量表征了该输入信

号的信号特征。分别分析这 3 个固有模态函数分量的频谱，将这 3 个固有模态函数分量相加，便得到频率分别为 12Hz、26Hz、84Hz 及对应的振幅分别为 0.4、0.9、1 的信号，这与输入的仿真信号 $x(t)$ 完全吻合。另外，对信号进行经验模态分解时是按照频率由大到小进行的，即首先分解高频分量，然后分解低频分量。

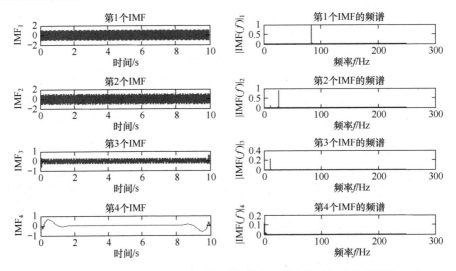

图 6.3　仿真信号经验模态分解得到的固有模态函数分量及相应的频谱图（1）

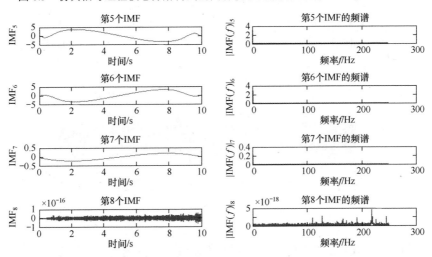

图 6.4　仿真信号经验模态分解得到的固有模态函数分量及相应的频谱图（2）

此次仿真验证了经验模态分解的正确性，显示了其分解特点，为光纤振动信号的特征提取奠定了基础。

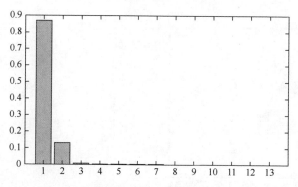

图 6.5 固有模态函数分量能量分布直方图

6.4.2 检测信号的特征提取研究

本节将对光纤传感器测得的振动信号利用经验模态分解进行分析，以实现对光纤传感器测得的振动信号的特征提取。

取 3 种信号进行分析，分别为重敲 10kHz、轻敲 10kHz、走 10kHz 的信号，其中，10kHz 代表振动频率。取每种信号中的一次动作进行经验模态分解，得到它们的前 8 个固有模态函数分量及其对应的频谱图，再根据求得的固有模态函数分量，绘制每种信号固有模态函数的特征向量直方图进行特征分析。

本节首先取重敲 10kHz 信号中的 3 次动作进行分析，从而得到重敲 10kHz 信号的特征；然后取重敲 10kHz 信号中的 1 次动作进行经验模态分解，并与重敲 10kHz 信号进行比较，分析其共同点和区别，以观察同一种信号的振动频率不同对经验模态分解的影响。

1. 第一组振动信号：重敲 10kHz

如图 6.6～图 6.13 所示分别为重敲 10kHz 信号、重敲 10kHz 的一次动作、重敲 10kHz 的一次频谱、重敲 10kHz 固有模态函数分量及其频谱、重敲 10kHz 固有模态函数特征向量。

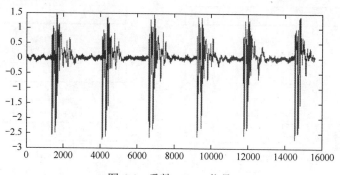

图 6.6 重敲 10kHz 信号

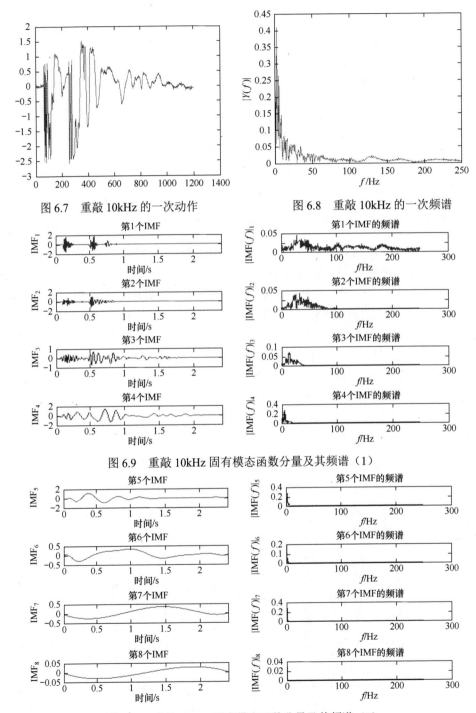

图 6.7 重敲 10kHz 的一次动作

图 6.8 重敲 10kHz 的一次频谱

图 6.9 重敲 10kHz 固有模态函数分量及其频谱（1）

图 6.10 重敲 10kHz 固有模态函数分量及其频谱（2）

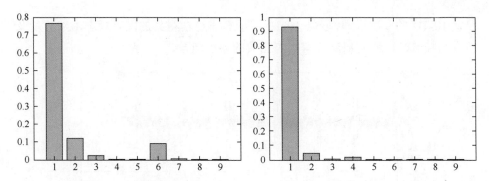

图 6.11　重敲 10kHz 固有模态函数特征向量（1）　图 6.12　重敲 10kHz 固有模态函数特征向量（2）

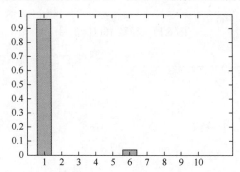

图 6.13　重敲 10kHz 固有模态函数特征向量（3）

如表 6.1 所示为重敲 10kHz 信号的特征。由表 6.1 可以看出，重敲 10kHz 信号主要固有模态函数分量集中在第 1、2、3、4、6 个 IMF 上，其中，IMF_1 为主要成分。

表 6.1　重敲 10kHz 信号的特征

	IMF_1	IMF_2	IMF_3	IMF_4	IMF_5	IMF_6	IMF_7	IMF_8
重敲 10kHz（1）	0.765	0.119	0.022	0	0	0.09	0.004	0
重敲 10kHz（2）	0.93	0.045	0.005	0.02	0	0	0	0
重敲 10kHz（3）	0.96	0	0	0	0	0.039	0	0

试验中，我们可以观察到重敲 10kHz 几次动作的固有模态函数分量的频谱分布几乎相同，可以说明这是一种类型的动作。

需要说明的是，几次动作对应的固有模态函数分量存在少许误差，是因为在截取一次动作时，由于资源限制，其是手动截取的，若采用专业软件截取，效果将更加完美。

2．第二组振动信号：轻敲 10kHz

如图 6.14～图 6.21 所示分别为轻敲 10kHz 信号、轻敲 10kHz 的一次动作、轻敲 10kHz 的一次频谱、轻敲 10kHz 经验模态分解得到的固有模态函数分量及相应的频谱、轻敲 10kHz 固有模态函数的特征向量。

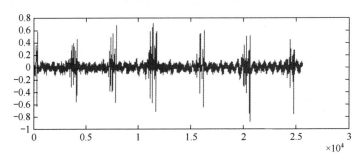

图 6.14　轻敲 10kHz 信号

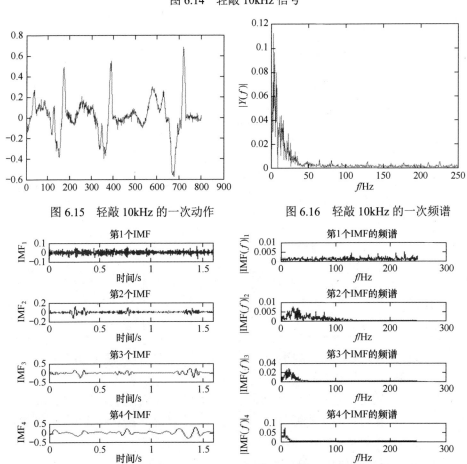

图 6.15　轻敲 10kHz 的一次动作　　　　图 6.16　轻敲 10kHz 的一次频谱

图 6.17　轻敲 10kHz 经验模态分解得到的固有模态函数分量及相应的频谱（1）

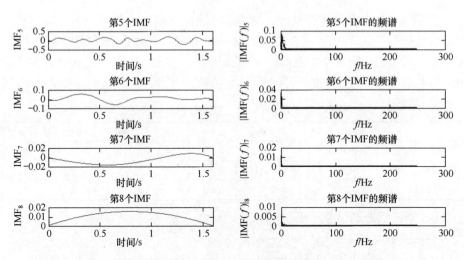

图 6.18　轻敲 10kHz 经验模态分解得到的固有模态函数分量及相应的频谱（2）

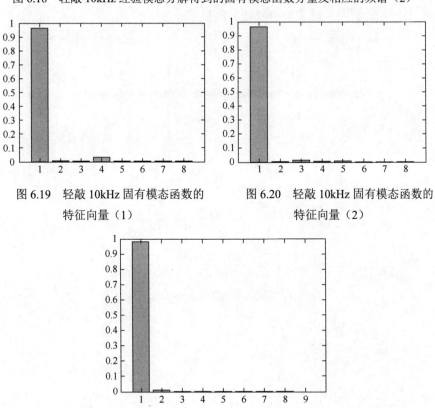

图 6.19　轻敲 10kHz 固有模态函数的
特征向量（1）

图 6.20　轻敲 10kHz 固有模态函数的
特征向量（2）

图 6.21　轻敲 10kHz 固有模态函数的特征向量（3）

如表 6.2 所示为轻敲 10kHz 三次动作信号的特征。从表 6.2 可以看出，轻敲 10kHz 这组信号主要集中在前 5 个固有模态函数分量，并且 IMF_1 为主要成分，IMF_1 对应的频谱即轻敲的主要频谱。这与重敲 10kHz 不同，并且轻敲 10kHz 与重敲 10kHz 的幅度也不一样，明显可以看出，重敲的主要幅度比轻敲的主要幅度要大。

表 6.2 轻敲 10kHz 三次动作信号的特征

	IMF_1	IMF_2	IMF_3	IMF_4	IMF_5	IMF_6	IMF_7	IMF_8
轻敲 10kHz（1）	0.964	0.006	0.001	0.029	0	0	0	0
轻敲 10kHz（2）	0.965	0	0.017	0.007	0.011	0	0	0
轻敲 10kHz（3）	0.984	0.011	0	0.002	0.003	0	0	0

3．第三组振动信号：走 10kHz

如图 6.22～图 6.28 所示分别为走 10kHz 信号、走 10kHz 的一次动作、走 10kHz 的一次频谱、走 10kHz 经验模态分解得到的固有模态函数分量及相应的频谱、走 10kHz 固有模态函数的特征向量。

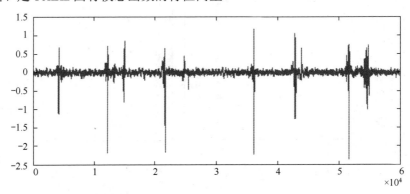

图 6.22 走 10kHz 信号

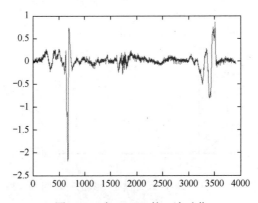

图 6.23 走 10kHz 的一次动作

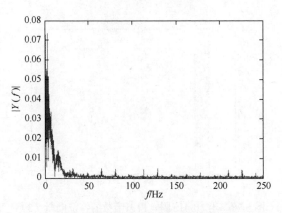

图 6.24 走 10kHz 的一次频谱

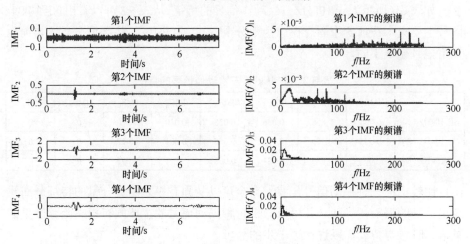

图 6.25 走 10kHz 经验模态分解得到的固有模态函数分量及相应的频谱

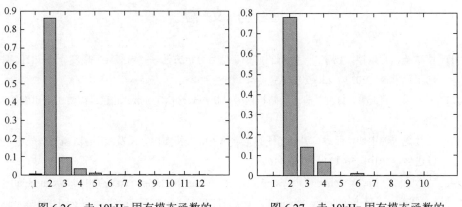

图 6.26 走 10kHz 固有模态函数的
特征向量（1）

图 6.27 走 10kHz 固有模态函数的
特征向量（2）

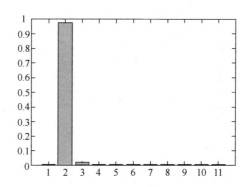

图 6.28　走 10kHz 固有模态函数的特征向量（3）

如表 6.3 所示为走 10kHz 三次动作信号的特征。从表 6.3 可以看出，走 10kHz 信号主要集中在前 6 个固有模态函数分量，其中，IMF_2 为主要成分，这与前面几组信号完全不同。

表 6.3　走 10kHz 三次动作信号的特征

	IMF_1	IMF_2	IMF_3	IMF_4	IMF_5	IMF_6	IMF_7	IMF_8
走 10kHz（1）	0.003	0.858	0.096	0.033	0.010	0	0	0
走 10kHz（2）	0.002	0.779	0.138	0.068	0.001	0.012	0	0
走 10kHz（3）	0	0.975	0.021	0.003	0	0.001	0	0

比较上面三种振动信号，我们完全可以从固有模态函数分量的特征分布辨别出信号的振动源类型，并可以分析每种振动信号的主要固有模态函数分量的频谱、时频等特征，以进行进一步的分析。

参 考 文 献

[1] 程军圣，郑近德，杨宇. 一种新的非平稳信号分析方法——局部特征尺度分解法[J]. 振动工程学报，2012，25（2）：6.

[2] 王宏禹，邱天爽，陈喆. 非平稳随机信号分析与处理[M]. 2 版. 北京：国防工业出版社，2008.

[3] 孔梦龙，谭中伟，张琳. 基于光纤的光学傅里叶变换实现方法及应用[J]. 激光与光电子学进展，2019，56（11）：110-116.

[4] Y. Yao, Y. Lu, X. Zhang, F. Wang and R. Wang. Reducing Trade-Off between Spatial Resolution and Frequency Accuracy in BOTDR Using Cohen's Class Signal Processing Method[J]. IEEE Photonics Technology Letters, 2012, 24(15): 1337-1339.

[5] N. E. Huang. The Empirical Mode Decomposition and the Hilbert Spectrum for Nonlinear and Nonstationary Time Series Analysis[J]. Proceeding of Royal Society London, 1998, 454: 903995.

[6] T. Y. Xu, S. F. Tian, W. Q. Peng. Riemann-Hilbert approach for multisoliton solutions of generalized coupled fourth-order nonlinear Schrodinger equations[J]. Mathematical Methods in the Applied Sciences, 2020, 2: 43.

[7] P. Gloersen, N. E. Huang. Comparison of Interannual Intrinsic Modes in Hemispheric Sea Ice Covers and Other Geophysical Parameters[J]. IEEE Trans on Geoscience and Remote Sensing, 2003, 41(5): 114.

[8] E. Feliu, A. H. Sadeghimanesh. Kac-Rice formulas and the number of solutions of parametrized systems of polynomial equations[J]. 2020.

[9] Z. Wang, S. Lou, S. Liang, et al. Multi-Class Disturbance Events Recognition Based on EMD and XGBoost in ϕ-OTDR[J]. IEEE Access, 2020, 99: 1-1.

第7章

基于多维特征的光纤振动信号识别

 7.1 基于 Mel 频率倒谱系数的光纤振动信号特征提取

7.1.1 Mel 频率倒谱系数算法及倒谱分析

人类听觉感知只聚焦于特定的区域，具有良好的非线性自适应能力。人耳由外耳、中耳和耳蜗组成，耳蜗就相当于一个滤波器组，可以滤除不相干的信息，能够在嘈杂的环境中分辨出各种信号。人耳对不同的频率信号的灵敏度不同，对于低频信号比较敏感，而对于高频信号不敏感。基于这一特性，人们研究出了一种和耳蜗功用类似的滤波器组，叫作 Mel 滤波器组。Mel 频率倒谱系数考虑到人的听觉特征，将频域变换到 Mel 域后，再转换到倒谱上[1]。分布式光纤振动传感系统采集到的光纤振动信号和语音信号的形式非常相似，而语音信号是一种典型的非平稳随机信号，主要信息集中在低频域内，与同为非平稳机信号的光纤振动信号有很多共同特点。这里采用研究成熟的 MFCC（Mel Frequency Cepstrum Coefficient，Mel 频率倒谱系数）特征提取方法研究光纤振动信号的特征。

倒谱是对信号进行对数振幅谱变换后再进行逆变换得到的谱线，其可以将非线性问题转换为线性问题。光纤振动传感系统通过对外界扰动行为进行探测和识别采集光纤振动信号，外界扰动行为作用于光缆上，并对光纤中传输的光信号进行调制，使光信号携带扰动行为信息。这个过程可以理解为激励信号使系统产生了响应，对其进行卷积运算能得到光纤振动信号，再进行傅里叶变换就可以得到频谱[2]。在实际情况下，我们只考虑频谱的振幅，并对其进行对数运算得到对数振幅谱。对数振幅谱的包络倒谱是连接共振峰的平滑曲线，即分析外部信号入侵产生的激励信号的重要分量，这个过程称为同态信号处理。倒谱分析过程如图 7.1 所示。

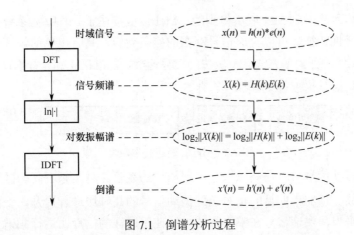

图 7.1 倒谱分析过程

首先，利用时域上外界入侵引起的激励信号与系统响应的卷积可得到光纤振动信号：

$$x(n) = h(n) * e(n) \tag{7.1}$$

进行傅里叶变换将其转换到频域，得

$$DFT(x(n)) = DFT(h(n) * e(n)) \tag{7.2}$$

$$X(k) = H(k)E(k) \tag{7.3}$$

现在，光纤振动信号的频谱由外界入侵引起的激励信号与系统响应两部分组成，为了求光纤振动信号的频谱，对式（7.3）两边取对数，得

$$\log_2 \|X(k)\| = \log_2 \|H(k)E(k)\| \tag{7.4}$$

$$\log_2 \|X(k)\| = \log_2 \|H(k)\| + \log_2 \|E(k)\| \tag{7.5}$$

通过取对数的方式将两个分量由乘积的形式分成了两个对数加和的形式，进一步对信号进行傅里叶逆变换（IDFT）可以将信号拆分为两部分的加和：

$$IDFT(\log_2 \|X(k)\|) = IDFT(\log_2 \|H(k)\|) + IDFT(\log_2 \|E(k)\|) \tag{7.6}$$

$$x'(n) = h'(n) + e'(n) \tag{7.7}$$

最后得到的 $x'(n)$ 即要求的倒谱，此时就将时域信号的卷积关系转换成了线性加和关系，两个部分也因此分离。

7.1.2 试验结果与分析

MFCC 特征提取是参考人耳对不同频段的感知能力不同而建立的听觉模型。由于语音信号的能量大部分集中于低频域内，因此为了节约资源，对高频域不需要进行过细的划分。光纤振动信号在高频域、低频域的分布特点和语音信号十分类似，因此可以将 MFCC 特征提取方法应用于光纤振动信号。MFCC 特征提取

参数是将信号映射到 Mel 域后得到的，Mel 标度描述了人耳听觉系统接收信号频率的非线性特征，可以克服信号存在的掩蔽效应，具有出色的识别和抗噪能力[3]。MFCC 特征提取方法具有较快的运算速度，能准确识别光纤振动信号。

MFCC 特征提取流程如图 7.2 所示。

图 7.2　MFCC 特征提取流程

光纤振动信号 $s(n)$ 在高频域会出现严重的衰落。越是频率高的区域，信号衰落越明显。预加重的目的是对光纤振动信号的高频域进行提升，使信号在频域内更加平坦，保证信号在整个频域内能使用同样的信噪比进行频谱分析。预加重通常的处理方法是使用一个 6dB/倍频的数字滤波器对高频域进行提升，数字滤波器的冲激响应为

$$H(z) = 1 - \mu z^{-1} \tag{7.8}$$

式中，μ 为滤波系数，取值范围一般为 $0.93 \sim 0.98$，这里选用常规的 0.97 进行预加重处理。

光纤振动信号频率较低，系统采样频率为 10kHz，选取 256 个采样点为一帧。为了防止出现截断效应（加矩形窗），使帧两端平缓过渡，对每帧信号加上旁瓣衰减较大的汉明窗，再对信号进行快速傅里叶变换得到对应的线性频谱 $S(k)$。

采用三角滤波器可以使频谱平滑化，消除谐波对频谱的作用，将原始信号的共振峰凸显出来，除此之外还可以减小运算量。需要把低频域内的三角滤波器设置得比较密集，把高频域内的三角滤波器设置得略微稀疏，让特定的频率分量通过三角滤波器。设置三角滤波器的总数为 22 个，由此可得光纤振动信号的最大频率为

$$f_g = \frac{f_s}{2} = 5000\text{Hz} \tag{7.9}$$

另外，Mel 标度与频率的关系可以近似表示为

$$\text{Mel}(f) = 2595 \times \lg\left(1 + \frac{f}{700}\right) \tag{7.10}$$

式中，f 为频率，可以求得最大的 Mel 频率 $f_{\max}[\text{Mel}] = 2363.47\text{Mel}$。

在 Mel 标度中，相邻的两个三角滤波器的中心频率随相等的间隔呈现线性分布态势，由此可以计算得出相邻两个三角滤波器的中心频率的间隔为

$$\Delta\text{Mel} = \frac{f_{\max}}{k+1} = 102.76\text{Mel} \tag{7.11}$$

因此，各三角滤波器在 Mel 标度中心频率所对应的线性频率如图 7.3 所示。

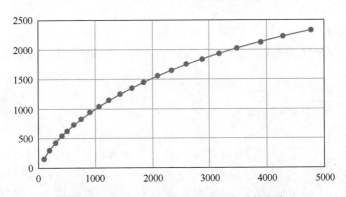

图 7.3　Mel 标度中心频率所对应的线性频率

将功率谱通过一组 Mel 标度的三角滤波器（见图 7.4），其中心频率为 $f(m)$（$m=1,2,\cdots,k$）。各个 $f(m)$ 之间的间隔随着 m 的增大而增大，在 Mel 频率轴上每个三角滤波器的中心频率等间隔分布。

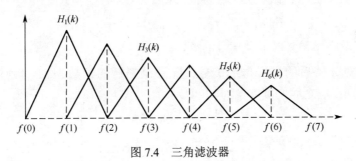

图 7.4　三角滤波器

三角滤波器的频率响应定义为

$$H_m(k)=\begin{cases}0, & k\leqslant f(m-1)\text{或}k\geqslant f(m+1)\\[2mm]\dfrac{2(k-f(m-1))}{(f(m+1)-f(m-1))(f(m)-f(m-1))}, & f(m-1)<k<f(m)\\[2mm]\dfrac{2(f(m+1)-k)}{(f(m+1)-f(m-1))(f(m)-f(m-1))}, & f(m)\leqslant k<f(m+1)\end{cases}$$

（7.12）

将傅里叶变换后的对数频谱 $S(k)$ 通过对应的 Mel 滤波器组，为了缩小频谱范围，利用类似同态变换处理计算每个三角滤波器的对数能量，因此对数频谱 $L(m)$ 的传递函数为

$$L(m) = \ln\left(\sum_{k=0}^{M-1}|S(k)|^2 H_m(k)\right), \quad 0 \le m \le M \tag{7.13}$$

式中，$H_m(k)$ 是上文设计的 Mel 滤波器组，M 为滤波器数量。

对上述结果进行离散余弦变换（DCT），就可以得到 MFCC 系数为

$$C(n) = \sum_{m=0}^{N-1} s(m)\cos\frac{\pi n(m-0.5)}{M}, \quad n = 1,2,\cdots,L \tag{7.14}$$

式中，L 为 Mel 频率倒谱系数的阶数，这里选用的 Mel 频率倒谱系数的阶数为24。频率倒谱系数的阶数越高，其所提取的特征越精细。

光纤振动信号在高频域内能量分布较少，而在低频域内能量分布较多，因此需要对上一步的结果进行对数运算来消除高频域、低频域之间的能量差异。完成上述步骤，就能得到一帧信号的静态特征。受分帧时窗长度设置的影响，相邻帧有密切的关系，因此需要额外提取特征来表征这种联系。在通常情况下，计算信号的一阶差分和二阶差分，把信号的静态特征和动态特征结合起来，这样可以更好地进行后续的识别工作。假设对一帧光纤振动信号 A_j 提取 MFCC 特征后，得到一个 N 维的 MFCC 特征向量 $\boldsymbol{F}_j$：

$$\boldsymbol{F}_j = [f_{j,1} \quad f_{j,2} \quad \cdots \quad f_{j,i} \quad \cdots \quad f_{j,N}] \tag{7.15}$$

式中，$f_{j,i}$ 为第 j 帧光纤振动信号的第 i 维。

假设对分帧后的光纤振动信号去除首尾帧后的帧数为 M，则进行上述 MFCC 特征提取之后就可以得到 MFCC 特征矩阵 $\boldsymbol{F}$[4]：

$$\boldsymbol{F} = \begin{bmatrix} \boldsymbol{F}_1 \\ \boldsymbol{F}_2 \\ \vdots \\ \boldsymbol{F}_M \end{bmatrix} = \begin{bmatrix} f_{1,1} & f_{1,2} & \cdots & f_{1,N} \\ f_{2,1} & f_{2,2} & \cdots & f_{2,N} \\ \vdots & \vdots & \ddots & \vdots \\ f_{M,1} & f_{M,2} & \cdots & f_{M,N} \end{bmatrix} \tag{7.16}$$

本节以光纤周界安防系统为例，选取下列 4 类常见入侵信号作为样本，研究切割、晃缆、刮擦和敲击 4 种常见动作模拟入侵过程的时域波形，以及 MFCC 特征提取后的三维特征，结果如图 7.5 所示。

在截取波形时，设定每个截取波形的信息量相同，得到 4 类信号的 MFCC 特征在三维尺度上的分布。其中，每类信号都提取一个 254×36 维的数组，并在三维曲面上显示，MFCC 特征提取图中的 Z 轴代表幅度。因为信号的种类各不相同，所以在不同位置信号的幅度也不相同。其中，刮擦信号和敲击信号在相同时域内的分布更广，因此其提取的 MFCC 特征也更加丰富；而切割信号和晃缆信号均集中在时域内的某一部分，因此其提取的 MFCC 特征也集中于相应的时域内。

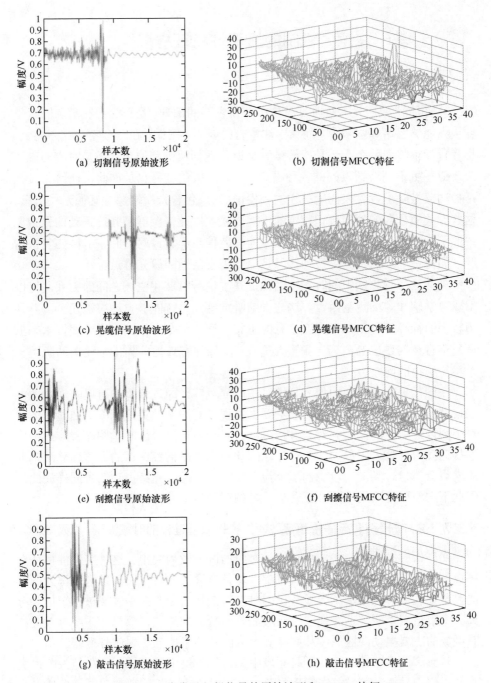

图 7.5 4 类常见入侵信号的原始波形和 MFCC 特征

7.2　基于注意力机制的显著性特征提取

7.2.1　注意力机制

"鸡尾酒"效应是人耳听觉效应中非常重要的部分，是形容人在嘈杂的背景环境下能够忽略那些噪声，而集中注意力的能力。例如，在一个嘈杂的酒会上，尽管背景很吵，两个人还是能够顺利交谈，他们所听到的声音还是对方的说话声，似乎听不到谈话以外的各种噪声[5]。光纤振动信号也是如此，任何一段光纤振动信号除了包含人们所关注的入侵信息，还包含系统摩擦等其他无关信息。这些无关信息会成为信号识别中的干扰因素，因此需要屏蔽光纤振动信号中无关的干扰信息，将注意力放在信号中的有效信息上。针对间断、多源的复杂情况，如何正确地识别光纤振动信号是信号识别问题的研究难点。

声音信号时频图中的时频域结构反映了信号时域和空域之间的关系，可以形成声学感知的稀疏基函数。这与大脑听觉感知系统能够自动去除冗余，并利用较少的神经元感知外界声音信息的思想一致。如今，借助图像处理技术来处理复杂音频问题已经成为一条重要途径[6]。如何有效地分离出主要振动源是一个亟待解决的问题。

在图像处理领域，图像显著性算法研究较广，通过该算法可以实现对图像的自动定位和检测。显著性用于刻画人眼视觉对图像的关注程度，凸显出人眼对于图像最关注的区域并对其进行分离。对于声音信号的时频图而言，最主要的振动源恰好是人眼最关注的部分，因此我们可以借鉴图像的显著性算法辅助研究声音信号时频图，以找到那个最主要的振动源。光纤振动信号同样如此，因此下文将研究适用于光纤振动信号时频图的显著性特征提取算法。

7.2.2　显著性特征提取算法

在分析时频域时，主要振动信号对应的区域较为突出。这种突出性特征在图像处理领域被称为注意力显著机制，将具有突出性特征的图像区域称为图像的显著性区域。采用注意力显著机制可以对图像的主要振动区域进行定位和分离。本节将着重研究适合提取时频域显著性特征的算法，该算法需要有效分离时频域的主要振动源区域，从而减弱无效区域的干扰，实现信号智能识别。

时频域的显著性在于找到时频域中频谱能量最大的区域，也就是人眼最关注的入侵信号振动区域。在图像显著性发展过程中，人们研究出了很多成熟且广泛应用的算法，如 ITTI 算法、GBVS 算法、SR 算法和 AC 算法等。如表 7.1

所示，这些算法分别从特征、空间因素、对比度、复杂度分析图像的显著性[7]。其中，只有 ITTI 算法和 GBVS 算法考虑的特征包含了宽频调谐，而宽频调谐是计算频谱能量的重要方法，因此 ITTI 算法和 GBVS 算法是适合研究时频域的两大算法。

表 7.1 显著性提取算法比较

算　法	特　征	空 间 因 素	对 比 度	复 杂 度
ITTI 算法	宽频调谐、强度、色度	考虑	局部	$O(k_{ITTI}N)$
GBVS 算法	宽频调谐、强度、色度	考虑	全局	$O(k_{GBVS}N^4K)$
SR 算法	RGB	不考虑	全局	$O(k_{SR}N)$
AC 算法	CIELAB	不考虑	局部	$O(k_{AC}N)$

1. ITTI 算法

ITTI 算法[8]的特征提取实现过程主要分为 3 个部分，如图 7.6 所示。首先，将输入的图像进行高斯金字塔分解，提取其中的颜色、亮度和方向特征；然后，对这 3 个特征的金字塔进行中心–环绕（Center-Surround）[9]运算和归一化操作，得到这 3 个特征在不同尺度下的特征图；最后，将特征图融合为各个特征的显著图，将各个特征的显著图利用特征集成理论线性合并，最后融合为最终显著图。

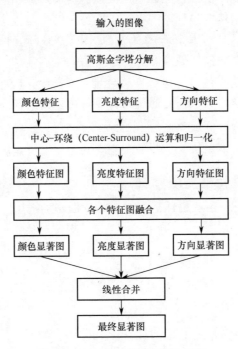

图 7.6 ITTI 算法的特征提取框架

在日常生活中，远看和近看同一个物体会在人眼中呈现不同的信息。远看能够看到物体的整体结构；而近看不同于远看之处在于，近看能够观察到物体的细枝末节。所谓视觉分析中的多尺度分析是指，从不同的观察角度以不同的尺度去分析，然后将所得到的信息进行综合处理，进而得到被观察事物的具体特征。人眼的可视范围分为两个部分：一个部分是内部尺寸，也就是人眼可视范围的最小值，用来形容物体内部的最小细节，最典型的是图像的像素大小；另一个部分是外部尺寸，也就是人眼可视范围的最大值，一般用来特指物体的整体，即整个物体的大小。然而，不是所有的物体都能被人眼看到，只有大小在内部尺寸和外部尺寸之间的物体才能够被人眼观察到。将固定大小的像素模板，利用视觉假体显著性检测算法应用到图像矩阵部分，通过计算被测物体的大小便可以得到原始图像中的重要信息。

多尺度分析和处理在仿生视觉领域具有重要的意义。人们可以利用对图像信息的多尺度分析与处理来了解周围的环境，并最大化地获取外部环境中的有用信息。现阶段，最常用的两种多尺度处理方式为四叉树法和金字塔法。

四叉树法是最简单的多尺度处理方式，其对空间进行排序，将图像层层推进至一个比较小的区域，通常将该区域中的图像细节用树形结构来表示。

金字塔法分为两步走：首先，利用低通滤波器对原始图像进行平滑处理；其次，进行采样，当然要隔行隔列采样。图像的每一层大小均为上一层大小的1/4，其长和宽均为上一层长和宽的 1/2，如图 7.7 所示，图像金字塔的底层和顶层分别为原始图像和最低像素图像。

ITTI 算法利用高斯滤波器进行图像处理，其在计算机视觉领域的应用十分广泛，不需要训练学习的过程，通过纯计算就可以得到最终显著图。

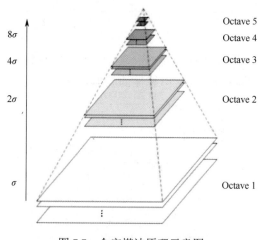

图 7.7　金字塔法原理示意图

ITTI 算法的具体步骤如下。

步骤 1：亮度、颜色和方向特征提取

亮度是人的一种心理物理量，表示人对光强度的主观感受，是特别重要的视觉特征。一般来说，被采集的外部图像是以 RGB 为色彩空间的彩图。RGB 是一种常用的颜色标准，3 种颜色互相叠加可以得到人类视觉能感知的所有颜色。R、G、B 分别代表红、绿、蓝 3 个颜色通道，而亮度的计算公式就与颜色分量有关，即

$$I = (r + g + b)/3 \qquad (7.17)$$

式中，I 为图像的亮度分量，r、g、b 分别为 3 个颜色分量。

人脑中存在色彩对立的概念，也就是说，与人眼距离相同的两种颜色会在人脑中产生程度不同的印象，互补色的概念就源于此。有的颜色会在人眼中留下"抢先"的印象，有的颜色会在人眼中产生"后退"的概念，进退感对比强烈的颜色组合为互补色[10]。由于互补色会对显著性区域的提取产生影响，因此首先需要对互补色进行归一化处理。人眼对亮度较低区域的色彩敏感度不高，因而选取亮度分量前 10% 的像素点进行归一化处理，而将其他区域的像素点设置为 0，这样 R、G、B、Y 这 4 个颜色分量分别为

$$
\begin{cases}
R = r - \dfrac{g+b}{2} \\[2mm]
G = g - \dfrac{r+b}{2} \\[2mm]
B = b - \dfrac{r+g}{2} \\[2mm]
Y = r + g + 2(|r - g| + b)
\end{cases}
\qquad (7.18)
$$

如果式（7.18）中某个颜色分量为负值，则将其置为 0。

Gabor 变换是傅里叶变换中窗函数取高斯函数的特殊情况，本质上是对二维图像求卷积。二维高斯函数常用线性滤波器进行边缘提取，并且在求解频域的方向方面与人眼视觉系统类似。二维高斯滤波器主要描述空间位置、空间尺度和空间方向，其较好的描述效果在图像特征提取领域应用广泛。一般从 4 个方向（0°、45°、90°、135°）对图像进行 Gabor 变换，进而得到方向金字塔的特征图。

Gabor 变换的主要公式为

$$G(x, y, \delta_x, \delta_y, \theta_k, \lambda) = \frac{1}{2\pi\delta_x\delta_y} \exp\left\{ -\frac{1}{2}\left(\left(\frac{x_{\theta_k}}{\delta_x}\right)^2 + \left(\frac{y_{\theta_k}}{\delta_y}\right)^2 \right) \right\} \exp\left(\frac{\mathrm{j}2\pi x_{\theta_k}}{\lambda} \right) \quad (7.19)$$

$$\theta_k = \frac{\pi}{n}(k-1), \quad k = 1, 2, \cdots, n \tag{7.20}$$

$$\begin{cases} x_{\theta_k} = x\cos(\theta_k) + y\sin(\theta_k) \\ y_{\theta_k} = -x\sin(\theta_k) + y\cos(\theta_k) \end{cases} \tag{7.21}$$

步骤 2：中心–环绕（Center-Surround）运算

对视觉感受域增加光刺激，就会发现视觉感受域中心对红光最敏感，而周边区域对绿光最敏感，这是因为人的视觉系统存在中心和周边同心圆互相对抗的特性。在心理学中也有类似的案例，当被测试者注视红色一段时间后，突然看到一张白纸，会误认为看到了绿色；而长时间注视绿色，再突然看到一张白纸，会误认为看到了红色。ITTI 算法通过中心–环绕运算仿真同心圆的结构，用高斯金字塔中的低分辨率图像表示中心–环绕算法中的周边区域，并且选择已分解的高斯金字塔中的 2、3、4 级作为同心圆的中心，而同心圆的四周分别用 2、3、4 级的中央区域叠加 3、4 级的高斯金字塔图像来表示。亮度金字塔为

$$I(c,s) = |I(c) \odot I(s)|, \quad c \in \{2,3,4\} \tag{7.22}$$

$$s = c + \sigma, \quad \sigma \in \{3,4\} \tag{7.23}$$

式中，$\odot$ 表示中心–环绕算子，c 为同心圆的中心尺度，$I(c,s)$ 为亮度特征图。

由于人的视觉皮层中存在"色彩对立"系统，因此无法直接计算得出 R、G、B、Y 通道特征图。如果神经元感受到中心圆区域的一种颜色状态活跃，那么它的互补色就会被抑制；而在同心圆的周边区域，情况恰恰相反。因此，可以用颜色对（红–绿、蓝–黄）的概念计算特征图：

$$\begin{cases} RG(c,s) = |[R(c) - G(c)][G(s) - R(s)]| \\ BY(c,s) = |[B(c) - Y(c)] - [Y(s) - B(s)]| \\ RGBY(c,s) = N[RG(c,s) + BY(c,s)] \end{cases} \tag{7.24}$$

式中，$RG(c,s)$ 为红–绿颜色对的特征图，而 $BY(c,s)$ 为蓝–黄颜色对的特征图。两种颜色对分别计算得到 6 幅特征图，故颜色分量的特征图总数为 12 幅。

提取方向分量特征后，运用和亮度特征图、颜色特征图相同的计算方法分别从 0°、45°、90°、135° 共 4 个方向进行跨尺度运算，最后得到 $4 \times 6 = 24$ 幅特征图，即

$$O(c,s,\theta) = |O(c,\theta) \odot O(s,\theta)|, \quad \theta \in \{0°, 45°, 90°, 135°\} \tag{7.25}$$

步骤 3：最终显著图生成

一般来说，图像中的像素显著性越大，在显著图上对应就更加突出。也就是说，像素的显著性是相互对应的，将 42 幅特征子图分别利用归一化算子 $N(\cdot)$

归一化处理[11]，得到亮度、颜色和方向分量的最终显著图，即

$$\begin{cases} \overline{I} = \sum_{c=2}^{4} \sum_{s=c+3}^{c+4} N(I(c,s)) \\ \overline{C} = \sum_{c=2}^{4} \sum_{s=c+3}^{c+4} [N(\mathrm{RG}(c,s)) + N(\mathrm{BY}(c,s))] \\ \overline{O} = \sum_{\theta \in \{0^\circ, 45^\circ, 90^\circ, 135^\circ\}} N\left(\sum_{c=2}^{4} \sum_{s=c+3}^{c+4} N(O(c,s,\theta)) \right) \end{cases} \qquad (7.26)$$

在 ITTI 算法中，亮度、颜色和方向同等重要，不存在竞争关系，也就是说 3 个分量对最终特征图的贡献一样多，因此，直接对 3 个分量进行线性叠加就能得到最终显著图，即

$$S = \frac{N(\overline{I}) + N(\overline{C}) + N(\overline{O})}{3} \qquad (7.27)$$

2. GBVS 算法

2006 年，Harel 等以 ITTI 算法为基础提出了 GBVS 算法[12]。GBVS 算法同样采用自下而上的显著性提取模型，只在计算最终显著图的方法上进行了改变。ITTI 算法直接利用线性计算将 3 个分量融合，而 GBVS 算法采用马尔可夫链计算得出最终显著图。马尔可夫链的主要原理是将图像中的点两两连接，构建在不同尺度下 3 个分量的全连接有向图，根据每条边对全连接有向图的贡献分配不同的权重，再对特征图进行对比计算。

步骤 1：计算各有向图中两两相对应的像素点间的非相似性距离，即

$$t((x,y) \rightarrow (u,v)) = \left| \log_2 \frac{G_A(x,y)}{G_A(u,v)} \right| \qquad (7.28)$$

式中，$t((x,y) \rightarrow (u,v))$ 表示有向图中 (x,y) 和 (u,v) 两个像素点之间的非相似性距离。

步骤 2：利用式（7-29）和式（7-30）分别计算不同尺度下有向图不同方向的权重 $w_A(\cdot)$，即

$$w_A((x,y) \rightarrow (u,v)) = t((x,y) \rightarrow (u,v)) \cdot F((x-u),(y-v)) \qquad (7.29)$$

$$F(a,b) = \exp\left(-\frac{a^2 + b^2}{2\delta^2} \right) \qquad (7.30)$$

式中，$F(\cdot)$ 为归一化函数。

步骤 3：将有向图不同方向的权重 $w_A(\cdot)$ 作为转移概率，将不同尺度下有向图的像素点作为状态构建马尔可夫链，通过各马尔可夫链停留时间的不同得出

在不同尺度下有向图的特征显著图 $A(\cdot)$。

步骤 4：利用有向图不同方向的权重 $w_A(\cdot)$ 对不同尺度下的各特征显著图 $A(\cdot)$ 构建各特征图的全连接有向图 $G_N(\cdot)$：

$$G_N((x,y) \rightarrow (u,v)) = A(u,v) \cdot F((x-u),(y-v)) \qquad (7.31)$$

步骤 5：将有向图不同方向的权重 $w_A(\cdot)$ 作为转移概率，并以全连接有向图 $G_N(\cdot)$ 的像素点为状态构建马尔可夫链，在马尔可夫链的平衡状态下对不同尺度的特征显著图进行整合，得到显著图 $G'_N(\cdot)$。

步骤 6：利用各显著图中的亮度、颜色和方向特性生成对应的显著图 S_i，这就是人们通常会关注的焦点：

$$S_i = \frac{G'_{NC} + G'_{NO} + G'_{NI}}{3} \qquad (7.32)$$

式中，G'_{NC} 为 G'_N 的颜色特性 C_i 对应的显著图，G'_{NO} 为 G'_N 的方向特性 O_i 对应的显著图，G'_{NI} 为 G'_N 的亮度特性 I_i 对应的显著图。

7.2.3　试验与结果分析

通过切割、晃缆、刮擦和敲击 4 种常见动作模拟入侵过程，并提取这 4 种不同信号的特征进行分类识别。后续的系统中可以通过对这 4 种动作的分析识别，来判断入侵行为的种类。

为了研究注意力机制的显著性特征提取，使用短时傅里叶变换（STFT）对信号进行处理。STFT 主要概括为两个步骤：对信号的加窗和经典傅里叶变换。将每帧信号和窗函数相乘，再对信号段进行经典傅里叶变换，就能得到截取信号段内的主要频率。对整个入侵信号进行 STFT，就能得到该信号频率随时间变化的趋势，从而进一步对入侵信号进行分析。

选取矩形窗函数会导致信号两端突然消失，产生频谱泄露，信号内的分量被高频分量干扰，进而导致特征分析产生误差。经过分析，选取汉宁窗函数，通过试验仿真对 4 种入侵行为分别进行处理，得到它们的时频图，如图 7.8(a)～图 7.8（d）所示。

在图 7.8 中，横坐标表示时间，纵坐标表示频率，可以明显看出信号集中在低频段，大多集中在 0～1000Hz。由图 7.8（a）、图 7.8（b）、图 7.8（c）可知，切割信号、晃缆信号和刮擦信号在时域上分布较广，符合其持续性动作的特性；晃缆信号和刮擦信号在频域内分布不均匀，也符合其动作力度不均匀的特性。由图 7.8（d）可知，敲击信号在时域上分布较窄，符合其短暂性动作的特性。另外，4 类不同信号经过短时傅里叶变换得到的时频图是有差别的，在时频图中频率大小可以通过颜色反映，因此考虑将信号的特征提取与图像处理算法相结合。

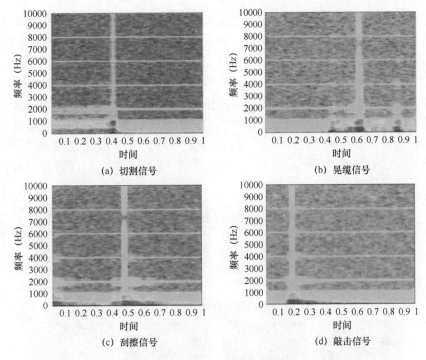

图 7.8 4 类入侵信号的时频图

分别对 4 类信号用 GBVS 算法和 ITTI 算法两种显著性算法提取显著性，图 7.9（a）～图 7.9（d）为基于 GBVS 算法依次检测切割信号、晃缆信号、刮擦信号和敲击信号显著性的结果图（显著图）。图 7.10（a）～图 7.10（d）为基于 ITTI 算法依次检测切割信号、晃缆信号、刮擦信号和敲击信号显著性的结果图（显著图）。

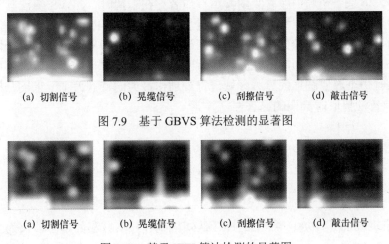

(a) 切割信号　　(b) 晃缆信号　　(c) 刮擦信号　　(d) 敲击信号

图 7.9 基于 GBVS 算法检测的显著图

(a) 切割信号　　(b) 晃缆信号　　(c) 刮擦信号　　(d) 敲击信号

图 7.10 基于 ITTI 算法检测的显著图

基于 GBVS 算法和 ITTI 算法进行显著性分析得到的显著图，是与 4 类入侵信号时频图大小相同的三维图像。为了消除坐标系对显著性检测的影响，设置时频图的坐标系不显示。时频图的每个像素值的大小直接反映相应像素的显著性程度，高频域内的像素点的显著性程度相对较高，信号的显著性分布与时频图具有一致性。由于所得到的显著图本身为热度图，因此进一步对显著图进行处理以便观察。将 4 类信号的时频图按比例透明化处理后，覆盖在显著图上得到显著热度图。图 7.11（a）～图 7.11（d）为基于 GBVS 算法检测得到的显著图处理后的显著热度图，图 7.12（a）～图 7.12（d）为基于 ITTI 算法检测得到的显著图处理后的显著热度图。

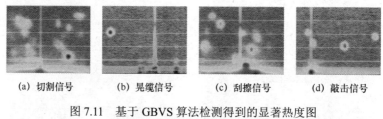

(a) 切割信号   (b) 晃缆信号   (c) 刮擦信号   (d) 敲击信号

图 7.11   基于 GBVS 算法检测得到的显著热度图

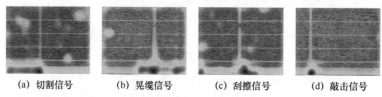

(a) 切割信号   (b) 晃缆信号   (c) 刮擦信号   (d) 敲击信号

图 7.12   基于 ITTI 算法检测得到的显著热度图

对比 GBVS 算法和 ITTI 算法，结果如下。虽然 GBVS 算法具有全局检测的优势，但是当全局中包含大的噪声点或者存在干扰时，GBVS 算法具有一定的局限性，甚至在检测晃缆信号时出现了漏检的情况。ITTI 算法对 4 类信号时频图的显著区域区分较为明显，切割信号、晃缆信号和刮擦信号的显著性在时域上分布较广，动作之间的差异在显著图上也有所体现，例如，敲击信号在显著图上有一个近似圆形的显著区域，符合动作最大的特点。基于上述分析，选用 ITTI 算法提取时频图的显著性。

7.3　卷积神经网络

7.3.1　基本结构

Fukushima 于 1980 年提出的神经认知机制和权值共享的理念被认为是卷积神经网络（Convolutional Neural Network，CNN）的雏形，但是受硬件条件和计算力的限制，其在当时并没有得到大规模的发展，而是被传统的 SVM 分类器压住锋芒[13]。直到 2012 年 AlexNet 问世，并用于提高数字识别的正确率，CNN 的发展才有了历史性的突破。CNN 最大的特点就是局部连接和权值共享[14]。

如图 7.13 所示，CNN 中的部分上层神经元与下一层区域中的神经元进行连接，由局部连接代替全连接的方式避免了学习参数的幂级式增长，其中，节点与节点之间的连接就是卷积神经网络中的感受野。CNN 局部表示如图 7.14 所示。

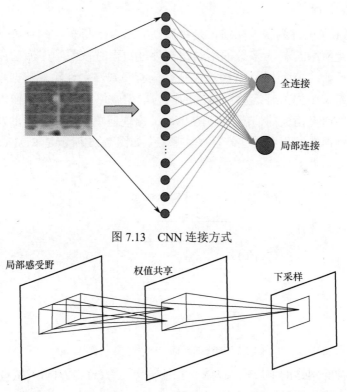

图 7.13　CNN 连接方式

图 7.14　CNN 局部表示

权值共享是指在整幅图像内使用同一个卷积核内的参数，类似于使用一个滑动窗口，窗口内的权值系数保持不变，通过改变滑动窗口的位置进行权值处理，这样就保证了图像内的像素点都有权值系数，可以减小网络的复杂度。与传统的机器学习复杂的图像预处理相比，通过卷积神经网络提取的特征具有更高的局部相关性。

下采样是 CNN 的另一个重要概念，通常称为池化，目的是降低图像的分辨率，遴选出信号强度较强的特征，使整个网络不会过拟合。

卷积神经网络在结构上由卷积层、池化层及最后的全连接层按不同的架构连接而成。卷积神经网络的输入一般为图像的像素值，由卷积层和池化层提取图像的特征，最后通过全连接层连接最后的输出层输出分类结果。一般将除了输入层、输出层的网络层都称为隐藏层，其中，低隐层通常由处于网络结构中较靠前的卷积层和池化层轮流组成，而高隐层一般为网络结构中靠后的若干层[15]。

7.3.2 卷积神经网络分类网络模型

1. ResNet

ResNet 又被称为残差网络，是由微软的 K. He 等提出的一种更加深层次的卷积神经网络[16]。大多数网络结构在处理数据时按照顺序流动原则一层一层往下进行训练，而 ResNet 改变了这个固有模式，允许输入数据直接传入较靠后的网络层中先进行运算。传统的网络框架网络层数较多，输入数据不可避免地出现梯度消失的情况，而 ResNet 的出现避免了这种情况的发生，保证了网络模型训练过程中某些特征的完整性。如图 7.15 所示是 ResNet 的一个基本残差模块。

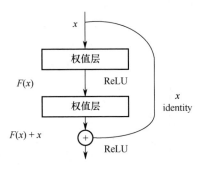

图 7.15　ResNet 的一个基本残差模块

假设神经网络的上层输入为 x，预计输出为 $H(x)$，$H(x) = F(x) + x$，通过这种结构将优化的目标 $H(x)$ 转变成 $H(x) - x$，将优化目标等价地逼近 0，不会导致网络退化的问题。输入和输出的差 $H(x) - x$，也就是残差。

ResNet 中的残差思想改变了卷积神经网络中的布局架构，能够有效避免在网络训练过程中产生不必要的计算，从而提高网络的训练速度和效率。不仅如此，ResNet 还有很好的可移植性，可以和其他网络模型相结合，解决网络层数增加带来的梯度消失问题[17]。因此，选择基于 ResNet 的网络模型中的典型结构 ResNet18 作为基础网络结构，ResNet18 的网络结构如图 7.16 所示，相邻两层就有一个残差模块，用 18 来编码是因为 ResNet18 中含有 17 个卷积层和 1 个全连接层。

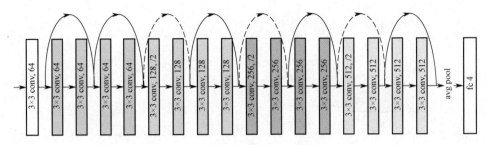

图 7.16 ResNet18 的网络结构

2. GoogLeNet

GoogLeNet 创造性地使用 Inception 组件堆叠网络,现在常用的 Inception V1 网络结构是由 2014 年 ILSVRC 竞赛中所使用的 Inception 组件发展而来的[18];在此基础上,人们又发展了 Inception V2 网络结构。Inception Module 概念与传统的卷积神经网络只是重复增加卷积层网络不同,其通过设置不同尺寸(1×1、3×3、5×5)的卷积核及池化结构,用更少的层与层之间的计算量来获得更加充分的特征信息。基本的 Inception 组件如图 7.17 所示,其拥有多个通道,是一个网中网的结构,Inception 层的输出为多个通道的输出和。其多个通道之间组合构成了 Multi-Branch 结构,扩大了局部感受野。

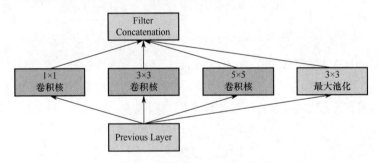

图 7.17 基本的 Inception 组件

由于使用 5×5 卷积核产生的计算量较大,因此需要对网络模型进一步简化,Inception V1 使用的是对基本的 Inception 组件进行降维处理后的组件,如图 7.18 所示,增加了 1×1 卷积核可以解决网络计算方面的瓶颈,并且加深了网络深度,将卷积发挥到了极致,用更加少的网络计算量获得更充分的特征信息。Inception 组件将传统的卷积神经网络计算空间和计算通道之间的相互关系隔离开,以减少参与计算的参数数量。

为了在提高识别精度的同时减小计算量,研究人员在 Inception V1 的基础上提出了 Inception V2 的概念。Inception V2 在 Inception V1 的输入层上增加了 batch_normal[19],其正则化处理过程如图 7.19 所示。

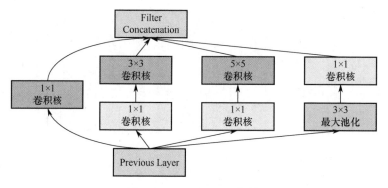

图 7.18　Inception V1 架构

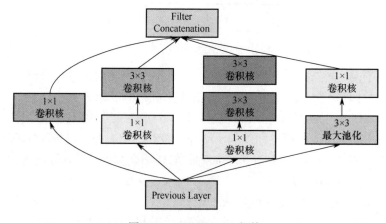

Input : Values of x over a mini-batch: $\mathcal{B} = \{x_1 \cdots x_m\}$;
　　　　Parameters to be learned: γ, β
Output : $\{y_i = \mathrm{BN}_{\gamma,\beta}(x_i)\}$

$$\mu_{\mathcal{B}} \leftarrow \frac{1}{m}\sum_{i=1}^{m} x_i \qquad //\text{min-batch mean}$$

$$\sigma_{\mathcal{B}}^2 \leftarrow \frac{1}{m}\sum_{i=1}^{m} (x_i - \mu_{\mathcal{B}})^2 \qquad //\text{min-batch variance}$$

$$\hat{x}_i \leftarrow \frac{x_i - \mu_{\mathcal{B}}}{\sqrt{\sigma_{\mathcal{B}}^2 + \epsilon}} \qquad //\text{normalize}$$

$$y_i \leftarrow \gamma \hat{x}_i + \beta \equiv \mathrm{BN}_{\gamma,\beta}(x_i) \qquad //\text{scale and shift}$$

图 7.19　Inception V2 正则化处理过程

Inception V2 除了增加了 batch_normal，还将 5×5 卷积核改成了 2 个 3×3 卷积核串联，如图 7.20 所示。第 1 个 3×3 卷积核可以看作卷积层，第 2 个 3×3 卷积核可以看作全连接层，这样不仅加深了网络层深度，还减少了参与运算的参数。

图 7.20　Inception V2 架构

7.4　基于多维特征的光纤振动信号识别模型设计

7.4.1　多维特征输入模型设计

光纤振动信号最终提取的 MFCC 特征表现形式为一个二维数组，而光纤振动信号的时频域显著图为三维 RGB 图像，要想将光纤振动信号的时频域显著图和 MFCC 特征相对应地送入卷积神经网络需要设计结合算法。该问题属于多维特征作为深度学习输入的范畴。

由于卷积神经网络的卷积层在提取特征时，利用卷积核对图像的 R、G、B 三通道分别提取分量，因此在训练网络时网络能够学习到各通道之间的相互关系。MFCC 特征数组和光纤振动信号的显著热度图相互独立，因此在网络训练过程中会弱化前三通道和第四通道之间的通道关系，从而更新权值达到全局最优。鉴于此，本书提出了将 MFCC 特征数组置于第四维的方案。MFCC 特征所提取的二维数组，行与行之间的关系代表光纤振动信号帧与帧的关系，因此在算法设计时，为了不破坏 MFCC 特征数组行与行之间的排布，将整个 MFCC 特征数组挨个铺满第四维进行维度扩展。

假设三维 RGB 图像的大小为 $r \times c \times 3$，MFCC 特征二维数组的大小为 $m \times n$，设计了如式（7.33）所示的结合方式，在第四维将整个 MFCC 特征的维度铺满，不足的维度舍去。

$$\begin{bmatrix} \begin{bmatrix} f_{1,1} & f_{1,2} & \cdots & f_{1,n} \\ f_{2,1} & f_{2,2} & \cdots & f_{2,n} \\ \vdots & \vdots & \ddots & \vdots \\ f_{m,1} & f_{m,2} & \cdots & f_{m,n} \end{bmatrix} & \begin{bmatrix} f_{1,1} & f_{1,2} & \cdots & f_{1,n} \\ f_{2,1} & f_{2,2} & \cdots & f_{2,n} \\ \vdots & \vdots & \ddots & \vdots \\ f_{m,1} & f_{m,2} & \cdots & f_{m,n} \end{bmatrix} & \cdots & \begin{bmatrix} f_{1,1} & f_{1,2} & \cdots & f_{1,c\%n} \\ f_{2,1} & f_{2,2} & \cdots & f_{2,c\%n} \\ \vdots & \vdots & \ddots & \vdots \\ f_{m,1} & f_{m,2} & \cdots & f_{m,c\%n} \end{bmatrix} \\ \vdots & \vdots & \ddots & \vdots \\ \begin{bmatrix} f_{1,1} & f_{1,2} & \cdots & f_{1,n} \\ f_{2,1} & f_{2,2} & \cdots & f_{2,n} \\ \vdots & \vdots & \ddots & \vdots \\ f_{r\%m,1} & f_{r\%m,2} & \cdots & f_{r\%m,n} \end{bmatrix} & \begin{bmatrix} f_{1,1} & f_{1,2} & \cdots & f_{1,n} \\ f_{2,1} & f_{2,2} & \cdots & f_{2,n} \\ \vdots & \vdots & \ddots & \vdots \\ f_{r\%m,1} & f_{r\%m,2} & \cdots & f_{r\%m,n} \end{bmatrix} & \cdots & \begin{bmatrix} f_{1,1} & f_{1,2} & \cdots & f_{1,c\%n} \\ f_{2,1} & f_{2,2} & \cdots & f_{2,c\%n} \\ \vdots & \vdots & \ddots & \vdots \\ f_{r\%m,1} & f_{r\%m,2} & \cdots & f_{r\%m,c\%n} \end{bmatrix} \end{bmatrix}$$

（7.33）

7.4.2　损失函数设计

卷积神经网络中的损失函数用来预测计算结果和实际结果之间的差异程度。卷积神经网络不断优化损失函数的方式是，不断通过反向传播更新网络参数，使其满足设定的阈值要求。通常来说，求得的损失函数的值越小，其网络的输出值和真实值越接近，也间接地体现了模型识别能力较强。简单来说，模型需要反向传播就是为了最小化损失函数，以学习到接近实际结果的最优特征。可以将损失函数定义为 $L(y, f(x))$，其中，y 表示其真实值，$f(x)$ 表示函数计算得到的值。常用的损失函数有均方差误差损失（Mean-Square Error，MSE）和交叉熵损失（Cross Entropy Loss，CEL）[20]。$L(y, f(x))$ 一般取正值，取值越小，识别效果越佳。

MSE 是一个风险函数，用于衡量计算得到的值和真实值之间的拟合程度，其目的是使最后的训练值到最优拟合线的距离最小，也就是平方和最小，所以 MSE 始终非负。从数学的角度来看，就是计算得到的值和真实值差值的平方，再求所有平方的期望值。MSE 的最终取值越小，说明模型的拟合程度越好，MSE 的计算公式为

$$\text{MSE} = \frac{1}{n} \sum_{i=1}^{n} (\hat{y}_i - y_i)^2 \tag{7.34}$$

式中，$\hat{y}_i$ 表示网络训练计算得到的值，y_i 则表示真实值。

CEL 也被称为对数损失，该模型会输出 0～1 的概率值。随着预测值和实际值的偏离，交叉熵损失会增大。因此，当实际值为 1、预测值为 0.01 时，交叉熵损失将很大。理想模型的对数损失为 0。CEL 的计算公式为

$$\text{CEL} = \sum_i y_i \cdot \log_2 \hat{y}_i + (1 - y_i) \cdot \log_2 (1 - \hat{y}_i) \tag{7.35}$$

本书采用的损失函数为交叉熵损失，因为当 MSE 计算所得的梯度很小时，误差也会很小，参数会无法更新从而导致训练无法继续，而使用 CEL 可以避免这种衰退。CEL 使用了香农定理，其能够以最小的代价消除系统的不确定性。

7.4.3 卷积神经网络模型改进

要完成对光纤振动信号的分类任务，仅训练光纤振动信号的时频图和时频域显著图的模型，可以使用 ImageNet 数据集的预训练参数。大多数网络模型都对 ImageNet 数据集有了较好的预训练权重参数，因此可以直接使用。系统使用的三种网络模型都在网络结构的最后一层设置了全连接层，用于对提取特征进行分类，但是全连接层的分类层数太多会导致训练参数数量过多，进而使网络的计算量大大增加，因此，需要对全连接层进行修改，对输出层进行优化。

以 ResNet18 模型为例，将最后的平均池化（Average Pooling）改为自适应全局平均池化（Adaptive Global Average Pooling），避免输入特征尺寸不匹

配；修改最后的全连接层的分类层数，加入 BatchNorm1d，避免在训练过程中损失爆炸。由于该网络模型是在 ImageNet 数据集上训练的初始权值，ImageNet 数据集包含 1000 种不同的类别，因此原始的分类输出维度为 1000 维，需要对全连接层进行修改以满足四分类问题。改进后的 ResNet18 模型如图 7.21 所示。

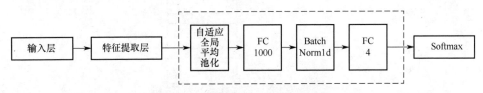

图 7.21　改进后的 ResNet18 模型

系统采用将多个感受野的特征相聚合的方式来提高网络的性能。因此，把 SE 模块嵌入 ResNet18，来强化特征通道之间的相互依赖关系，以在网络层中增加对分类有用的全局信息。在网络模型的低隐层，SE 模块能够激发更加丰富的低级质量的特征。随着网络模型的深入，SE 模块学习到各个通道的重要程度，按照不同的重要程度对有用的特征通道进行增益，并对无效的特征通道进行削减。SE 模块由全局信息嵌入（Squeeze）和自适应重新校准（Excitation）两部分组成（见图 7.22）。

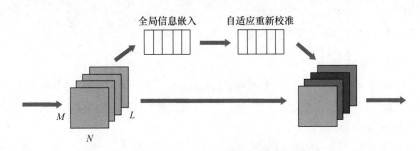

图 7.22　SE 模块结构示意

全局信息嵌入操作将输入的 $M \times N \times C \times L$（$M \times N$ 表示空间维度，L 表示多维特征的维度，C 表示通道维度的数目）四维特征变成 $1 \times 1 \times 1 \times C$，将每个通道特征图中的位置信息相融合，$C$ 个特征通道表征响应的全局分布，具有全局的感受野；接着使用自适应重新校准操作对每个特征通道生成权值，其权值用来表示通道之间的相关性。将 SE 模块嵌入 ResNet18 变体结构卷积层中，其连接方式如图 7.23 所示。

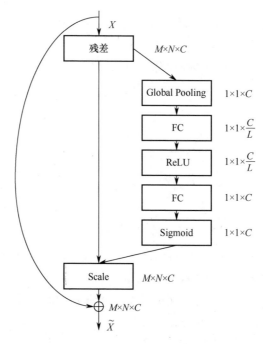

图 7.23　Residual-SE 模块结构

7.5　试验和分析

7.5.1　试验环境和数据集

1．软件平台

系统所使用的深度学习开发框架为 PyTorch 框架。PyTorch 框架能够自动计算梯度、提供简单易懂的模型算法接口。系统的软件环境主要参数如下。

（1）编译语言：Python 3.7。

（2）操作系统：Ubuntu 16.04。

（3）显卡驱动：NvidiaDrivers。

（4）GPU 开发库：CUDA 10.1.105。

2．硬件平台

利用卷积神经网络对海量数据进行处理时，需要强大的硬件设备作为支撑。深度学习常用的硬件设备处理平台为 GPU，GPU 可以和 CPU 配合提高设备的整体性能。系统的硬件环境主要参数如下。

（1）CPU：Intel Xeon CPU E5-2680 v4@3.3GHz × 2。

（2）GPU：Titan V × 2。

（3）RAM：128GB/128796.5MB。

（4）HDD：8TB/8480.6GB。

3．数据集描述

系统使用的数据集皆为前文搭建的光纤振动信号采集系统所采集的光纤振动信号，分别为切割信号、晃缆信号、刮擦信号和敲击信号。四类信号的训练集和测试集数量如表 7.2 所示。

表 7.2　四类信号的训练集和测试集数量

名　称	训练集信号数量（个）	测试集信号数量（个）	名　称	训练集信号数量（个）	测试集信号数量（个）
切割信号	1218	481	敲击信号	1108	589
晃缆信号	1231	479	总计	4785	2127
刮擦信号	1228	578			

一个光纤振动信号将生成一幅时频图、一幅时频域显著图和一个 MFCC 特征数组。如图 7.24 所示为数据集光纤振动信号时频图部分图像，如图 7.25 所示为数据集光纤振动信号时频域显著热度图部分图像。使用入侵信号的类型作为图像样本的名称，将图像大小调整为 $896 \times 1184 \times 3$。为了在测试和训练时对信号数据结果进行分类，需要对信号数据进行标记。本节分别把四类不同的入侵信号标记为 0、1、2 和 3。

光纤传感的四类入侵信号最终提取的 MFCC 特征数组均为一个 254×36 的二维数组，光纤振动信号时频域显著热度图送入卷积神经网络需要重置的大小为 $896 \times 1184 \times 3$，若想将 MFCC 特征数组和光纤振动信号时频域显著热度图结合送入卷积神经网络，需要对输入进行处理，其第四维的具体实现如式（7.36）所示，在第四维将整个 MFCC 特征数组的维度铺满，不足的维度舍去。

$$
\begin{bmatrix}
\begin{bmatrix} f_{1,1} & f_{1,2} & \cdots & f_{1,36} \\ f_{2,1} & f_{2,2} & \cdots & f_{2,36} \\ \vdots & \vdots & \ddots & \vdots \\ f_{254,1} & f_{254,2} & \cdots & f_{254,36} \end{bmatrix}
\begin{bmatrix} f_{1,1} & f_{1,2} & \cdots & f_{1,36} \\ f_{2,1} & f_{2,2} & \cdots & f_{2,36} \\ \vdots & \vdots & \ddots & \vdots \\ f_{254,1} & f_{254,2} & \cdots & f_{254,36} \end{bmatrix}
\cdots
\begin{bmatrix} f_{1,1} & f_{1,2} & \cdots & f_{1,32} \\ f_{2,1} & f_{2,2} & \cdots & f_{2,32} \\ \vdots & \vdots & \ddots & \vdots \\ f_{254,1} & f_{254,2} & \cdots & f_{254,32} \end{bmatrix} \\
\vdots \qquad\qquad\qquad \vdots \qquad\qquad \ddots \qquad\qquad \vdots \\
\begin{bmatrix} f_{1,1} & f_{1,2} & \cdots & f_{1,36} \\ f_{2,1} & f_{2,2} & \cdots & f_{2,36} \\ \vdots & \vdots & \ddots & \vdots \\ f_{134,1} & f_{134,2} & \cdots & f_{134,36} \end{bmatrix}
\begin{bmatrix} f_{1,1} & f_{1,2} & \cdots & f_{1,36} \\ f_{2,1} & f_{2,2} & \cdots & f_{2,36} \\ \vdots & \vdots & \ddots & \vdots \\ f_{134,1} & f_{134,2} & \cdots & f_{134,36} \end{bmatrix}
\cdots
\begin{bmatrix} f_{1,1} & f_{1,2} & \cdots & f_{1,32} \\ f_{2,1} & f_{2,2} & \cdots & f_{2,32} \\ \vdots & \vdots & \ddots & \vdots \\ f_{134,1} & f_{134,2} & \cdots & f_{134,32} \end{bmatrix}
\end{bmatrix}
$$

$$（7.36）$$

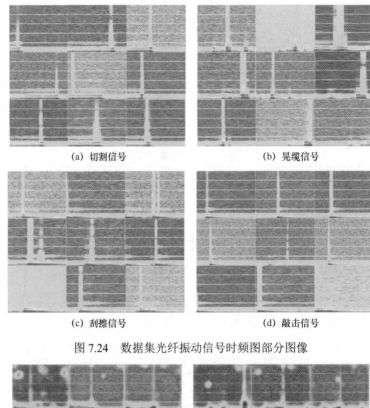

(a) 切割信号　　　　　　　　　　　(b) 晃缆信号

(c) 刮擦信号　　　　　　　　　　　(d) 敲击信号

图 7.24　数据集光纤振动信号时频图部分图像

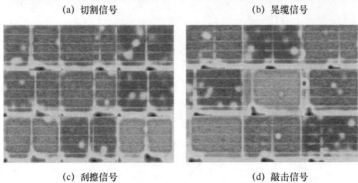

(a) 切割信号　　　　　　　　　　　(b) 晃缆信号

(c) 刮擦信号　　　　　　　　　　　(d) 敲击信号

图 7.25　数据集光纤振动信号时频域显著热度图部分图像

4．评价标准

针对光纤振动信号的四分类问题，将分类的准确率和识别时间作为评价标准。对于 N 个光纤振动信号样本，如果经过分类器预测得到的值与真实值相同的个数为 T，而经过分类器预测得到的值与真实值不相同的个数为 F，则有 $T + F = N$。

分类准确率为

$$\mathrm{ACC} = \frac{T}{T + F} \times 100\% \tag{7.37}$$

7.5.2　试验结果与分析

基于第 3 章提出的借鉴语音信号的处理方法，即基于倒谱分析的特征提取，针对光纤振动信号提取 MFCC 特征。从特征提取的结果来看，该方法可以将四类光纤振动信号区分开。为了定量分析特征提取方法，本节分别选用传统的支持向量机（SVM）和 BP 神经网络对所得到的 MFCC 特征进行监督分类识别，并比较两种传统的算法对 MFCC 特征分类的效果。对二维特征数组进行分类，使用传统的机器学习方法就足以进行了。

1．评价指标

假设把四类光纤振动信号中的切割信号看成正类，把其他三类光纤振动信号看成负类，用混淆矩阵来描述 TP、TN、FP、FN。其中，TP 为被检索到的正类判定为正类（切割信号判定为切割信号），FP 为被检索到的负类判定为正类（其他三类光纤振动信号判定为切割信号），FN 为未被检索到的正类判定为负类（切割信号判定为其他三类光纤振动信号），TN 为未被检索到的负类判定为负类（其他三类光纤振动信号判定为其他三类光纤振动信号）。其他三类光纤振动信号的评价指标与切割信号的评价指标类似。在一般情况下，精确率越高，召回率越低。以下所有指标得分越高，算法性能越好。

（1）精确率。正确预测为正类占所有预测为正类的比重，有

$$\mathrm{Precision} = \frac{\mathrm{TP}}{\mathrm{TP} + \mathrm{FP}} \tag{7.38}$$

（2）召回率。正确预测为正类占全部实际为正类的比重，即

$$\mathrm{Recall} = \frac{\mathrm{TP}}{\mathrm{TP} + \mathrm{FN}} \tag{7.39}$$

（3）准确率。所有正类、负类的正确预测占总预测的比重，即

$$\mathrm{Accuracy} = \frac{\mathrm{TP} + \mathrm{TN}}{\mathrm{TP} + \mathrm{TN} + \mathrm{FP} + \mathrm{FN}} \tag{7.40}$$

（4）F1 分数（F1-Score），其计算公式为

$$F1\text{-}Score = \frac{2 \times Precision \times Recall}{Precision + Recall}$$ （7.41）

2. 试验结果

当使用 SVM 分类器时，选用径向基核函数作为 SVM 分类中 SVC(·)算法的核函数，径向基核函数可以衡量样本和样本之间的"相似度"，让同类的样本更好地聚集在一起，进而线性可分。gamma 参数是选用径向基核函数后的自带参数，根据 $gamma = \frac{1}{2\sigma^2}$，将 gamma 参数设为 0.0016，将惩罚系数设为 1.0。对四类光纤振动信号提取的 MFCC 特征进行分类，其精确率、召回率和 F1-Score 的结果如图 7.26 所示。

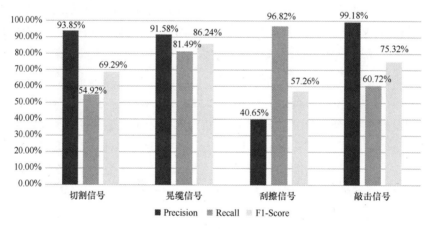

图 7.26　基于 SVM 分类器对 MFCC 特征分类的结果

将四类光纤振动信号的 MFCC 特征数组作为 SVM 分类器的输入，其分类准确率 Accuracy 为 72.45%。

当使用 BP 神经网络分类时，BP 神经网络中设置隐藏层神经元个数为 500个，激活函数选用能避免在网络训练过程中导致梯度弥散的 ReLU 函数，选用的权重优化器则为牛顿方法族的 lbfgs，L2 惩罚（正则化项）参数 alpha 默认为 0.0001，学习率设置为 0.001。基于 BP 神经网络对四类光纤振动信号提取的 MFCC 特征进行分类的精确率、召回率和 F1-Score 结果如图 7.27 所示。

将四类光纤振动信号的 MFCC 特征数组作为 BP 神经网络的输入，其分类准确率 Accuracy 为 75.12%，每类光纤振动信号的 F1-Score 也略高于使用 SVM 分类器进行分类的 F1-Score。使用 BP 神经网络进行分类，其分类效果略优于 SVM 分类器。

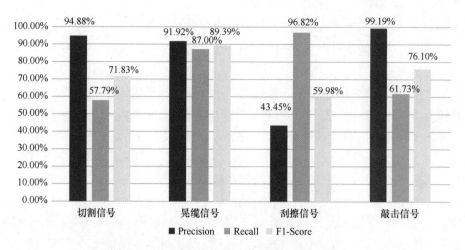

图 7.27 BP 神经网络对 MFCC 特征的分类结果

两种传统的分类算法对 MFCC 特征的分类结果都不能满足实际应用需求，因此尝试使用最小二乘支持向量机（Least Squares Support Vector Machines，LSSVM）解决对信号的训练和预测问题。LSSVM 不同于传统的 SVM 分类器，其使用最小二乘线性系统作为损失函数，在降低计算复杂度的同时，能保证预测结果的准确性。另外，小波处理后的功率数据也更有规律，能进一步提高系统的预测精度。LSSVM 的求解问题是线性方程的求解问题，其计算效率要高于 SVM 分类器的计算效率。LSSVM 对 MFCC 特征分类的精确率、召回率和 F1-Score 的结果如图 7.28 所示。

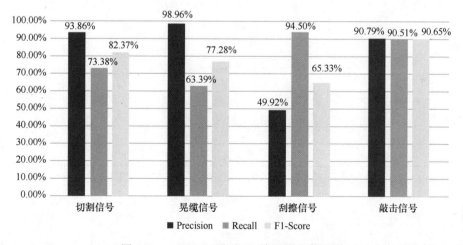

图 7.28 LSSVM 对 MFCC 特征的分类结果

将四类光纤振动信号的 MFCC 特征数组作为 LSSVM 的输入，其分类准确率

Accuracy 为 79.58%，虽然较两种传统的机器学习分类算法在识别精度方面略有提升，但远远不能满足实际应用的需求。两种传统的机器学习分类算法仅对刮擦信号和晃缆信号的识别效果较好，而 LSSVM 对刮擦信号和敲击信号的识别效果较好。但是，三种分类算法都不能涵盖四类光纤振动信号，其原因是这三种分类算法能学习到的数据信息量有限，不能完全学习到光纤振动信号之间的差异信息。

本节接下来将重点研究使用时频图、显著图和多维特征进行分类的精度差异。从上文的研究可知，提取时频图的显著性得到的结果还是一幅与原来的时频图大小相同的图片，因此在对比时频图和时频域显著图的分类性能时可以利用深度学习的预训练模型直接对其进行分类。训练中的参数 batch_size 和 epoch 分别设为 16 和 3，学习率设为 0.001，迭代次数设为 898 次。将多维特征作为卷积神经网络的输入，由上述多维特征结合算法可知，多维特征的维度为四维，因此不能使用 ImageNet 数据集训练网络所得到的预训练参数，在训练时设置预训练参数为 False。batch_size 依然设为 16，由于没有设置预训练参数，因此将 epoch 设为 5，迭代次数设为 1496 次。分别将光纤振动信号的时频图、显著图及光纤振动信号多维特征作为训练集计算损失，在训练过程中使用 ResNet18 网络模型的损失迭代曲线如图7.29所示。ResNet18网络模型不同输入特征的性能对比如表7.3所示。

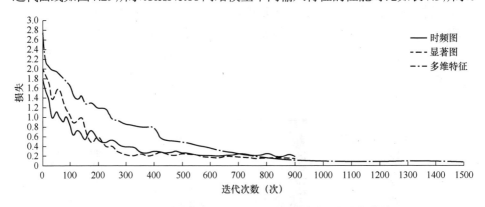

图 7.29　在训练中使用 ResNet18 网络模型的损失迭代曲线

表 7.3　ResNet18 网络模型不同输入特征的性能对比

种　类	平　均　损　失	稳定后损失	平均识别精度	平均识别时间/ms
时频图	0.5148	0.1903	79.574%	121.3
显著图	0.5535	0.1471	85.376%	123.7
多维特征	0.7892	0.0804	90.180%	143.3

由图 7.29 可知，利用 ResNet18 网络模型训练时频图和显著图的收敛效率

和波动程度差不多，都几乎在迭代 350 次左右时达到收敛。在识别精度方面，利用显著图识别入侵信号的精度比利用时频图识别入侵信号的精度提高了5.802%，这是因为通过提取时频图的显著性可以去除时频图中局部时频区域的冗余和干扰信息，突出了对振动源的关注度。利用时频图和显著图进行分类的平均识别时间差别不大，该微小差别可能与试验使用的硬件平台的性能有关。该试验说明利用时频域的显著性特征进行分类优于利用时频图进行分类。

由图 7.29 可知，利用 ResNet18 网络模型训练多维特征的收敛效率低于利用 ResNet18 网络模型训练显著图特征的收敛效率。多维特征训练次数达到 830 次左右才能收敛，本质原因是利用多维特征训练网络模型的输入维度为四维，并且没有设置预训练参数。在识别精度方面，利用多维特征识别入侵信号的精度比利用显著图识别入侵信号的精度提高了 4.804%，说明卷积神经网络利用多维特征可以学习到的信息更加丰富。利用多维特征的平均识别时间比利用显著图的平均识别时间长 19.6ms，这是因为多维特征输入网络模型在进行第一层网络模型的卷积运算时比显著图识别增加了运算量，而后面网络层的运算量不变。多维特征识别在略微增加运算时间的情况下提高了识别精度，并且增加的运算时间在可接受的范围内，这验证了利用多维特征丰富识别信息的策略是行之有效的。

为了测试数据集在典型卷积神经网络下的稳健性，本节接下来将通过试验比较多维特征在不同的网络模型中的各项性能。试验在保持其他预训练参数不变的情况下，另选取了 GoogLeNet 中的经典网络模型 Inception V1 和 Inception V2。Inception V1、Inception V2 和 ResNet18 网络模型训练过程中的损失曲线如图 7.30 所示。多维特征在不同网络模型中的测试结果如表 7.4 所示。

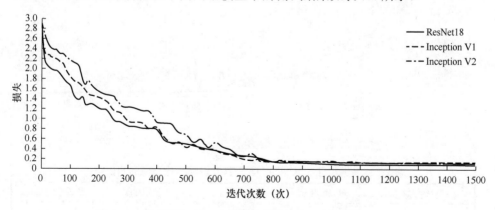

图 7.30　多维特征在三种网络模型训练过程中的损失曲线

表 7.4　多维特征在不同网络模型中的测试结果

网 络 模 型	平 均 损 失	稳定后损失	平均识别精度	平均识别时间/ms
ResNet18	0.7892	0.0804	90.180%	143.3
Inception V1	0.6874	0.0903	88.768%	135.5
Inception V2	0.8108	0.0856	89.652%	141.1

　　三种网络模型由于都没有设置预训练参数,因此训练时的收敛效率都不高。ResNet18 网络模型具有残差模块,因此在三种网络模型中收敛速度最快。在三种网络模型中,ResNet18 网络模型的识别精度也是最高的,和另两种网络模型的识别精度相差 1%~2%,这说明该数据集在典型的卷积神经网络模型中的泛化能力较强。三种不同的网络模型对四类光纤振动信号的识别精度如表 7.5 所示。

表 7.5　三种不同的网络模型对四类光纤振动信号的识别精度

网 络 模 型	切 割 信 号	晃 缆 信 号	刮 擦 信 号	敲 击 信 号	平 均 识 别 精 度
ResNet18	95.522%	93.317%	88.128%	83.753%	90.180%
Inception V1	95.703%	91.107%	86.012%	82.251%	88.768%
Inception V2	96.403%	92.508%	85.838%	83.860%	89.652%

　　使用嵌入 SE 模块后的 ResNet18 网络模型与 7.3.2 节的 ResNet18 网络模型在同一数据集上进行对比试验,其他所有预训练参数皆保持一致。训练过程中 ResNet18 及其改进网络模型的损失曲线如图 7.31 所示。多维特征使用改进网络模型的测试结果如表 7.6 所示。

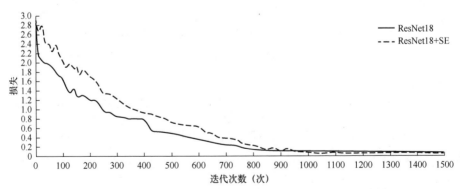

图 7.31　训练过程中 ResNet18 及其改进网络模型的损失曲线

表 7.6　多维特征在 ResNet18 及其改进网络模型中的测试结果

网 络 模 型	平 均 损 失	稳定后损失	平均识别精度	平均识别时间/ms
ResNet18	0.7892	0.0804	90.180%	143.3
ResNet18+SE	0.8339	0.0649	92.664%	149.6

在识别精度方面，利用 ResNet18+SE 网络模型识别入侵信号的精度比利用 ResNet18 网络模型识别入侵信号的精度提高了 2.484%，说明在 ResNet18 网络模型中添加 SE 模块可以学习多维特征之间的通道差异特征。ResNet18+SE 网络模型的平均识别时间比 ResNet18 网络模型的平均识别时间长 6.3ms，这是因为加入 SE 模块增加了网络模型识别时的运算量。ResNet18+SE 网络模型在略微增加运算时间的情况下提高了识别精度，并且增加的运算时间在可接受的范围内，这验证了对 ResNet18 网络模型添加 SE 模块进行信号分类的想法是有效的。四类光纤振动信号在试验的两种网络模型中的识别精度如表 7.7 所示。

表 7.7 两种网络模型对四类光纤振动信号的识别精度

网 络 模 型	切 割 信 号	晃 缆 信 号	刮 擦 信 号	敲 击 信 号	平均识别精度
ResNet18	95.522%	93.317%	88.128%	83.753%	90.180%
ResNet18+SE	97.547%	95.955%	89.843%	87.317%	92.664%

用 ResNet18+SE 网络模型识别每类光纤振动信号的精度都比使用 ResNet18 网络模型有所提升，平均识别精度提升了 2.484%。

7.6 系统测试

本节主要对前文分类试验所得识别精度最高的 ResNet18+SE 网络模型的识别系统的软件平台进行演示及效果测试。

光纤安防监测系统软件人机交互主界面如图 7.32 所示。

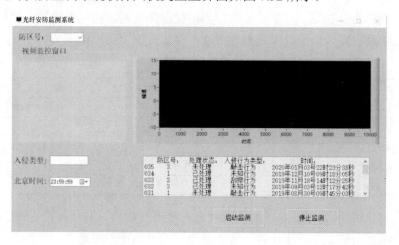

图 7.32 光纤安防监测系统软件人机交互主界面

主界面中包含了视频监控窗口显示模块区、防区号选择区、时间模块区、入侵类型显示区、光纤振动监测器显示模块区和安防日志显示区。其中，视频监控窗口显示模块区用于显示摄像头获取的实时画面；光纤振动监测器显示模块区用于展示实时的光纤振动信号采集情况；当系统判断光缆受到入侵时，会将最近一次的入侵类型展示在入侵类型显示区，而入侵信息会被记录在安防日志显示区；防区号选择区用于切换防区，在切换的同时切换了视频监控窗口显示模块区的相应画面和光纤振动监测器显示模块区的相应监测区域。

单击"启动监测"后，光纤安防监测系统实时界面如图 7.33 所示。

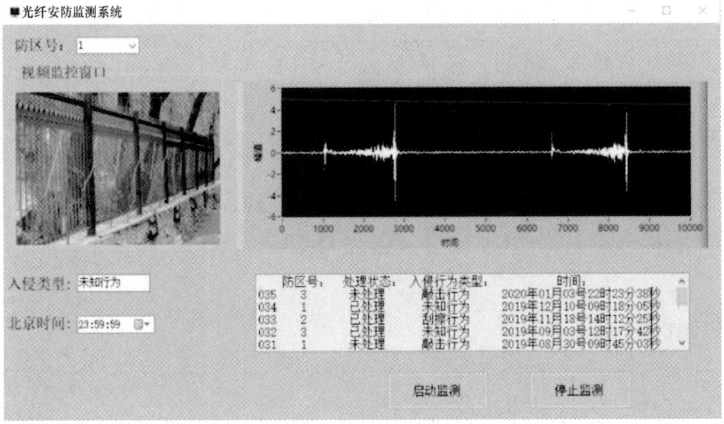

图 7.33　光纤安防监测系统实时界面

接下来，本节对系统进行室外现场试验：使用刀背切割光缆模拟切割行为；使用适当的力度摇晃光缆模拟晃缆行为；使用尖锐物刮擦光缆模拟刮擦行为；使用重物敲击光缆模拟敲击行为。室外入侵试验识别结果如表 7.8 所示。

表 7.8　室外入侵试验识别结果

类　　别	实时测试次数（次）	正确识别次数（次）	实时处理准确率
切割行为	52	50	96.154%
晃缆行为	49	44	89.796%
刮擦行为	53	49	92.453%
敲击行为	55	54	98.181%
平均准确率	94.140%		

由试验结果可知，该系统对切割行为和敲击行为的识别具有较高的准确率，而对晃缆行为的识别效果略差，初步分析可能是由于摇晃光缆的幅度不均匀，而试验采集的训练数据库不够完整，并没有包含在所有不同的频率、力度下摇

晃光缆产生的光纤振动信号，因此在实时处理时出现了训练数据库之外的光纤振动信号，产生了误判。

自动报警功能是光纤安防监测系统的重要组成部分，该系统利用短信通知的形式实现自动报警功能。当监控防区内发生入侵光缆行为时，系统会自动发送报警短信到管理员手机，通知管理员到现场查看处理。

当监控防区内一切正常时，系统正常运行，不会发送报警短信；当监控防区内发生入侵光缆行为时，系统立即发送报警短信。多次测试显示，管理员能够在很短时间内收到报警短信。报警短信如图 7.34 所示。

接下来，本节将测试当管理员处理完监控防区内发生的入侵光缆行为时，管理员选中该条记录修改日志状态的操作，其具体实现过程如图 7.35 所示。

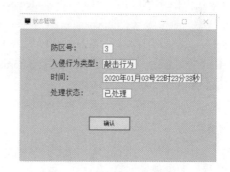

图 7.34　报警短信　　　　　　图 7.35　修改日志状态

测试结果表明，光纤安防监测系统能成功地采集到光纤振动信号，对其进行识别分类，并将相关记录显示在安防日志显示区，同时可以对日志状态进行修改。

对上述模块进行测试的结果，验证了该软件平台的有效性、可行性。

参 考 文 献

[1]　韩云飞，张太红，白涛. 融合 Mel 系数和 KNN 的语音端点检测[J]. 信息技术，2017（3）：37-41.

[2] 毕灶荣，童东兵，陈巧玉. 基于快速 MFCC 计算的说话人识别系统的设计[J]. 电子科技，2018，31（4）：25-28.

[3] S. Lokesh, M. Ramya Devi. Speech recognition system using enhanced mel frequency cepstral coefficient with windowing and framing method[J]. Cluster Computing, 2019, 22(5).

[4] 苏力，李阳，庞宇辰. 基于 LabVIEW 软件的 MFCC 特征参数提取程序设计[J]. 信息技术创新，2018（5）：80-81.

[5] F. Kattner, W. Ellermeier. Distraction at the cocktail party: Attenuation of the irrelevant speech effect after a training of auditory selective attention[J]. Pubmed, 2020, 46(1).

[6] 弓彦婷. 基于声谱图显著性检测的音频识别[D]. 合肥：合肥工业大学，2015.

[7] 段璟晗. 基于 FPGA 的视觉假体显著图提取算法的研究[D]. 西安：西安理工大学，2017.

[8] L. Itti, C. Koch. Computational modeling of visual attention[J]. Nature Reviews Neuroscience, 2001, 2(3): 194-203.

[9] 王静，张羽婷，张云，等. 基于图像显著性的人工视觉图像处理策略[J]. 中国医学物理学杂志，2019，36（11）：1277-1283.

[10] D. A. Klein, S. Frintrop. C-surround divergence of feature statistics for salient object detection[C]//2011 IEEE International Conference, 2011: 2214-2219.

[11] M. W. Cannon, S. C. Fullenkamp. A model for inhibitory lateral interaction effects in perceived contrast[J]. Vision Research, 1996, 36(8): 1115-1125.

[12] J. Harel, C. Koch. Advances in Neural Information Processing Systems[J]. Graph-based Visual Saliency, 2007, 19: 545-522.

[13] 苏赋，吕沁，罗仁泽. 基于深度学习的图像分类研究综述[J]. 电信科学，2019，35（11）：58-74.

[14] 刘中雨. 卷积神经网络算法分析及图像处理示例[J]. 电脑知识与技术，2019，15（34）：176-177.

[15] 李航，朱明. 基于深度卷积神经网络的小目标检测算法[J]. 计算机工程与科学，2020，42（4）：649-657.

[16] K. He, X. Zhang, S. Ren. Deep Residual Learning for Image Recogning[C]//IEEE Conference on Computer Vision and Pattern Recognition, 2016.

[17] 郭东岳，周群彪. 基于残差神经网络的陆空通话声纹识别[J]. 现代计算机，2020（7）：9-13.

[18] C. Szegedy, W. Liu, Y. Jia. Going deeper with convolutions[J]. IEEE Computer Society, 2014.

[19] S. Rubin Bose, V. Sathiesh Kumar. Efficient inception V2 based deep convolutional neural network for real-time hand action recognition[J]. The Institution of Engineering and Technology, 2020, 14(4).

[20] 任进军，王宁. 人工神经网络中损失函数的研究[J]. 甘肃高师学报，2018，23（2）：61-63.

第 8 章

基于 Self-AM-BiLSTM 的光纤
振动信号识别

第 7 章重点介绍了在小样本情况下全光纤传感系统中光纤振动信号的处理与识别算法。在大样本情况下，数据量和数据特征更丰富，为了保证在大样本场景下系统的识别性能、实时性能和计算性能，同时解决光纤振动信号易淹没在长时间、大量的监测数据中的问题，本章建立了具有较高泛化能力、较强普适性、较高识别精度的光纤振动信号分类识别模型。传统算法大部分依赖先验知识，特征提取能力不足，研究发现 BiLSTM 网络模型对于时序性数据的处理具有较好的效果，为此本章选取 BiLSTM 网络模型作为研究对象，分析 BiLSTM 网络模型在特征提取深度和复杂程度等方面的不足，并引入自注意力机制对其进行优化，提高了分类识别的准确性。

8.1　基于 BiLSTM 的光纤振动信号识别

8.1.1　长短时记忆网络

循环神经网络（Recurrent Neural Network，RNN）是一种常用的进行时序数据处理的神经网络模型，其基于前馈型神经网络[1]，RNN 结构如图 8.1 所示。其中，隐藏层有 t 个神经元给予输入序列初始权重，该权重确定了上一条信息对于下一条信息的重要性。另外，图 8.1 中用线性关系 U、V、W 来表示，x_t 是当前输入向量，h_t 表示 t 时刻的隐含状态，h_{t+1} 表示 $t+1$ 时刻的隐含状态，h_{t-1} 表示 $t-1$ 时刻的隐含状态，t 时刻的隐含状态 h_t 不仅受到前一时刻的隐含状态 h_{t-1} 的影响，也由当前时刻的输入 x_t 决定。o_t 表示 t 时刻的输出，o_{t-1} 表示 $t-1$ 时刻的输出，o_{t+1} 表示 $t+1$ 时刻的输出，RNN 的输出个数最终通过 o_t 输出。

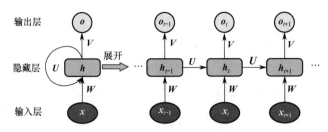

图 8.1　RNN 结构

RNN 在前向计算时，隐藏层的输出依赖当前隐藏层的输入及上一时刻隐藏层的输出，即

$$h_t = \sigma(Wx_t + Uh_{t-1} + b) \tag{8.1}$$

式中，$\sigma(\cdot)$ 为非线性激活函数，h_{t-1} 表示 $t-1$ 时刻的隐含状态，b 为偏置矩阵。

但是，因为 RNN 中存在梯度消失和梯度爆炸现象，所以目前一般用 RNN 改进网络——LSTM 网络来实现模型搭建。LSTM 网络采用常数误差流进行模型优化。

长短时记忆神经网络主要由输入层、隐藏层、输出层构成，隐藏层由细胞状态模块和记忆模块构成[2]。一个 LSTM 网络记忆模块的前向传播过程如图 8.2 所示。其中，x_t 定义为 t 时刻的输入，h_t 定义为 t 时刻的隐藏层输出，f_t、o_t 分别定义为遗忘门、输出门的输出，i_t、a_t 分别定义为输入门、临时记忆单元的输出，W_f、U_f、W_a、U_a、W_i、U_i、W_o、U_o 分别定义为遗忘门、临时记忆单元、输入门、输出门结构相对应的权重向量，b_f、b_a、b_i、b_o 分别定义为遗忘门、临时记忆单元、输入门、输出门结构的偏置向量，C_t 定义为 t 时刻的细胞状态。C_t 与其他时刻的细胞状态应处于同一水平线上，数据中蕴含的深层信息才得以传输。在传输过程中，样本信息保持不变，这就是 LSTM 的核心结构，也是其具有长时记忆特征的关键所在。

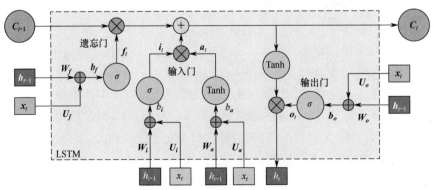

图 8.2　LSTM 网络记忆模块的前向传播过程

LSTM 通过记忆模块及门结构，使得其以短时记忆为主的同时保留了长时记忆。输入门根据前一时刻信息的重要特征，将短时记忆集成到长时记忆中，或者用遗忘门对记忆进行遗忘，用输出门评估长时记忆和短时记忆，并确定最终输出。根据以上机理可以得出，LSTM 网络模型对于长时序的序列具有很强的加工和分析能力。

8.1.2 双向长短时记忆网络

双向循环神经网络（Bi-directional Recurrent Neural Network，BiRNN）的改进融合了相邻时刻的特征信息，并通过增加反向传递运算、反转输入序列进行计算[3]。在处理时间序列数据时，双向循环神经网络不仅能够沿时间顺序传递信息，而且能够将附加信息反向传递到先前的时间步。BiRNN 由两个隐含层组成，两个隐含层都连接到输入层和输出层。这些层的区别在于，第一层有来自上一个时间步的经常性连接，而第二层是反转的，在序列上反向传递激活。BiRNN 跨时间展开后，可以通过规则的反向传递进行训练。

基于 BiRNN 和 LSTM 两种网络结构，人们发展衍生了双向长短时记忆网络（BiLSTM）。BiLSTM 是由两个不同方向相互独立的 LSTM 网络叠加构成的，其中之一是前向层，其中之二是反向层[4]。之所以选用 BiLSTM，是因为它为输入方向和输入结果提供了长时学习，并且充分研究了具体问题。单向 LSTM 仅根据以往保存下来的信息进行数据处理，当输入序列全部时间步可利用时，对输入序列中的两个而非一个进行 LSTM 训练。

8.1.3 网络模型搭建与训练

在光纤振动信号特征提取中，因光纤振动信号属于时序信号，具有时序信号一定的特点，即当前时刻的幅度被前一时刻的幅度影响，并且会影响后一时刻的幅度，呈现递进的过程。为了更好地提取光纤振动信号特征，本节基于 TensorFlow 和 Keras 框架，搭建了基于 BiLSTM 的光纤振动信号识别网络模型，其中，每层由 1024 个 LSTM 循环核组成。BiLSTM 网络结构如图 8.3 所示。

其中，x_t 表示 t 时刻 LSTM 网络的输入；l 和 s 分别为前向 LSTM 单元的输出，前者记忆时间长，后者记忆时间短。将前向 LSTM 网络和后向 LSTM 的输出进行合并，得到网络模型的最终输出 y_t。BiLSTM 的运算过程为

$$l^t = \sigma(W^{lx}x_t + W^{ll}l^{t-1} + b_l) \tag{8.2}$$

$$s^t = \sigma(W^{sx}x_t + W^{ss}s^{t-1} + b_s) \tag{8.3}$$

$$y_t = \text{Softmax}(W^{yx}l^t + W^{yx}s^t + b_y) \tag{8.4}$$

式中，l^t 和 s^t 分别是向前和向后隐藏层的值，在当前时刻 t，递归接收来自当前数据点 x_t 和先前时刻状态 l^{t-1} 和 s^{t-1} 的输入；W 和 b 表示输出权重矩阵和输出层偏置矩阵；σ 表示 Sigmoid 函数；Softmax 函数为输出层 y_t 的激活函数。

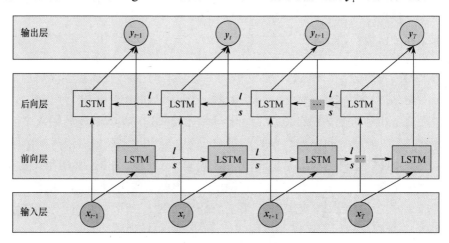

图 8.3　BiLSTM 网络结构

为了验证基于 BiLSTM 的光纤振动信号分类识别网络模型的有效性，通过全光纤感系统分别获取攀爬、割锯、横推、剪切、背景噪声 5 类光纤振动信号，共采集了 2500 组试验数据作为样本，每类光纤振动信号 500 个样本，其中验证集划分比例为 0.2。此网络模型设置为 6 层，其中，第 1 层是输入层，输入的是经过数据预处理的光纤振动信号，它的输出维度为 1×10000；第 2 层是 BiLSTM 层，输入为 1×10000，神经元超参数设置为 1024 个，激活函数设置为 ReLU 函数，输出维度为 1×10000×2048；第 3 层是展平层，将多维特征向量转成一维向量，大小为 1×40960000；第 4 层是随机失活层，为了解决网络模型中的过拟合问题和梯度消失问题，验证集划分比例设置为 0.5；第 5 层是全连接层，节点个数为 50 个；第 6 层为输出层，其含有 5 个节点，分别表示样本预测是攀爬、割锯、横推、剪切和背景噪声的可能性，预测类别是最有可能出现的类别。设置批量样本数为 1，训练轮次为 60 个。BiLSTM 网络模型损失函数使用交叉熵损失，使用 Softmax 分类函数输出预测结果。为了使损失最小，BiLSTM 网络模型选用"Adam"优化器，使用自动调节法来进行学习率的更新，设置监控参数为 lr，并设置监控参数在 3 个轮次中没有变化，学习率更新公式为

$$\mathrm{lr} = \mathrm{lr}_0 \cdot \alpha \tag{8.5}$$

式中，lr_0 为初始值 $1×10^{-4}$，α 为 0.1，设置最低学习率为 0，同时设置监控参

数 20 个轮次不发生变化时提前停止训练。

基于 BiLSTM 的光纤振动信号网络模型经过上述参数设置后进行训练,将训练数据集输入模型后,训练验证得到学习曲线、损失曲线和混淆矩阵如图 8.4 所示。学习曲线显示了训练数据集和验证数据集的准确率和损失在训练过程中的变化。由图 8.4(a)可知,训练数据集和验证数据集的学习曲线在经过大约 13 个轮次后开始收敛,训练数据集的准确率学习曲线收敛到接近 100%,而验证数据集的准确率曲线收敛到接近 92%,训练数据集和验证数据集的准确率收敛存在 8% 的差异。同样,图 8.4(b)为训练数据集和验证数据集的损失曲线,其与学习曲线呈现相同的收敛规律,验证损失曲线在收敛到 37 个轮次左右趋于稳定,而训练数据集损失曲线趋于 1。由图 8.4(c)可知,第 0 类、第 3 类的混淆比较严重。

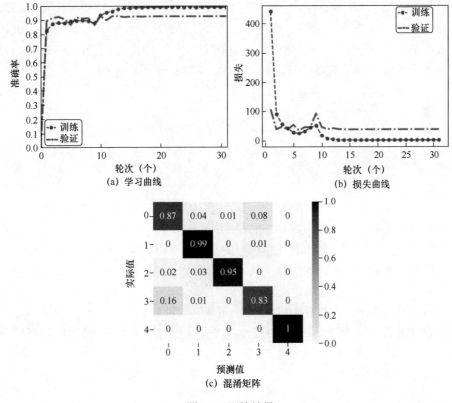

图 8.4 训练结果

综上所述,基于 BiLSTM 的光纤振动信号网络模型还存在过拟合的问题,这说明此网络模型在特征提取深度和复杂程度等方面仍存在不足,还需要对该网络模型进行改进。

8.2　基于 Self-AM-BiLSTM 的光纤振动信号识别

8.2.1　基于自注意力机制的光纤振动信号处理

针对 BiLSTM 网络模型在特征提取深度和复杂程度等方面仍存在不足的问题，本节参考"鸡尾酒会效应"的听觉注意力机制[5]，在 BiLSTM 网络模型中增加自注意力层，忽略噪声背景，着重识别扰动行为产生的信号特征，提升特征分类识别性，从而提升模型分类识别性能。通过计算自注意力概率分布，自注意力机制能够赋予关键特征更高的权重，以凸显其重要性。在通常情况下，自注意力机制被应用在时序相关的深度学习模型中[6]。在本章中，自注意力机制被用于调整 BiLSTM 网络模型提取的光纤振动信号特征矩阵中不同特征的权重，从而使模型在数据分类识别时具有更高的准确率。实际上，自注意力机制以输入 BiLSTM 提取的特征为主线来获取特征权重系数，并根据这些权重系数滤除冗余特征、凸显关键特征，从而提高了模型分类识别精度。

8.2.2　自注意力机制

在实际应用过程中，因扰动行为产生的光纤振动信号可能只有短时间被记录的一部分，这意味着在时间序列中包含的信息主要集中在一部分时间段的时间序列中，其他时间段的时间序列中包含的信息对于信号分类识别的贡献较小，甚至其包含的噪声信息对于光纤振动信号的分类识别会产生一定的影响。相对于外部信息，自注意力机制更加关注特征之间的内部相关性，它能够通过计算每个时间序列之间的关联度，得到不同特征的权重[7]。对于光纤振动信号而言，该时间序列中的各个部分都需要与该时间序列中的其他部分进行权重计算，以更好地学习时间序列内部各部分之间的依赖关系。通过这种方式，模型可以更好地掌握时间序列的内部结构，从而提高分类识别准确率。因此，在基于 BiLSTM 的光纤振动信号网络模型中引入自注意力机制，能够完善网络模型，提高分类识别性能。

自注意力机制原理如图 8.5 所示。首先，输入 BiLSTM 网络模型特征提取的特征向量 $\boldsymbol{D}(d_1, d_2, \cdots, d_n)$，经嵌入层把输入的特征向量转换为向量 $\boldsymbol{X}(x_1, x_2, \cdots, x_n)$，将此向量与随机初始化的转换矩阵 $\boldsymbol{W}^Q$、$\boldsymbol{W}^K$、$\boldsymbol{W}^V$ 相乘积，分别得到 3 个向量 $\boldsymbol{q}_i$、$\boldsymbol{k}_i$、$\boldsymbol{v}_i$，其中，i 为特征在时间序列中的编号，q 为要查询的值，k 为关键字，v 为关键字的数值；其次，使用点积公式，计算每两个向量之间的相似度 M；再次，将相似度 M 除以矩阵维度的开方，通过 Softmax 函数计算每个部分相对于当前位置的相关性；最后，把 v 和 Softmax 函数得到的值相乘并叠加，得到不同特征的权重 H。

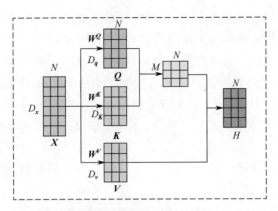

图 8.5　自注意力机制原理

计算每两个向量之间的相似度 M 的公式为

$$M = K^T * Q \qquad (8.6)$$

式中，$Q = [q_1 \quad q_2 \quad ... \quad q_n]$，$K = [k_1 \quad k_2 \quad ... \quad k_n]$。

计算不同特征的权重 H 的公式为

$$H = \mathrm{Softmax}\left(\frac{M}{\sqrt{D_k}}\right)v \qquad (8.7)$$

式中，D_k 为矩阵维度。

在神经网络中通常利用激活函数为神经网络提供非线性因素，进而赋予神经网络处理非线性样本的能力[8]。常用的激活函数有 Sigmoid 激活函数和 ReLU 激活函数等，其中常被用于网络模型训练的是 ReLU 激活函数。ReLU 激活函数的数学表达式为

$$f(x) = \max(0, x) \qquad (8.8)$$

ReLU 激活函数解决了 Sigmoid 激活函数和 Tanh 激活函数中存在的饱和性问题，可以对深度网络模型进行有效的监督训练。

8.2.3　网络模型搭建与训练

8.1.3 节的试验发现，BiLSTM 网络模型在特征提取深度和复杂程度等方面仍存在不足，本节引入自注意力机制优化网络模型参数，基于权重系数去除冗余信息并筛选重要信息，以突出关键特征、减少冗余信息对模型识别精度的影响，进而提升模型性能。该网络模型利用 BiLSTM 网络模型提取光纤振动信号特征，获得了光纤振动信号的多尺度特征；通过自注意力机制的运用，对不同 BiLSTM 网络模型提取特征的权重进行优化，对保留的目标特征

进行筛选，并去除冗余特征，从而达到准确分类识别的目的。本节搭建了如图 8.6 所示的 Self-AM-BiLSTM 网络模型，模型由输入层、特征提取层、自注意力层、分类层组成，具体参数如表 8.1 所示。其中，输出层维度参照最优参数输出结果；输入层将原始信号输入模型，构造满足时间长度要求的输入样本；特征提取层为 BiLSTM，BiLSTM 训练 2 个 LSTM 而不是 1 个 LSTM，它可以在时间序列数据中向前、向后进行访问。BiLSTM 或 Self-AM-BiLSTM 模块在维度展平之后接收转换后的时间序列，首先转置时间序列的时间维度，然后进行 Dropout 以避免过度拟合，最后将两个分支的输出结合起来并馈送到 Softmax 分类器。

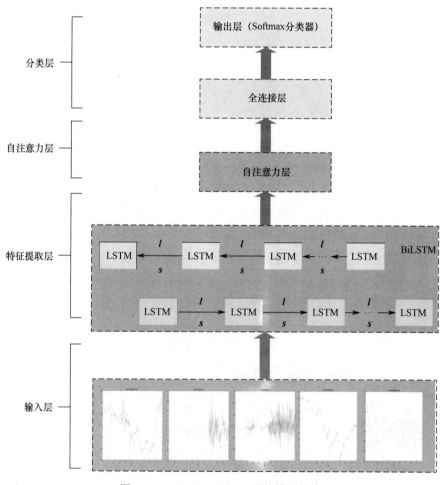

图 8.6 Self-AM-BiLSTM 网络模型结构

表 8.1　Self-AM-BiLSTM 网络模型参数

层　号	名　称	激活函数	输出维度
0	输入层	—	(10000, 1)
1	BiLSTM 层（特征提取层，双向 LSTM 层）	Tanh	(1, 10000, 4096)
2	Self-Attention 层（自注意力层）	ReLU	(1, 10000, 4096)
3	Flatten 层（展平层）		(1, 40960000)
4	Dropout 层（随机失活层）		(1, 40960000)
5	Dense 层（全连接层）		(1, 50)
6	输出层	Softmax	(1, 5)

（1）层数 0 是输入层，输入的是经过数据预处理后的光纤振动信号，它的输出维度为 1×10000。

（2）层数 1 是双向 LSTM 层，输入为 1×10000，units 设置为 2048，激活函数使用 Tanh 函数，输出维度为 1×10000×4096。

（3）层数 2 是自注意力层，使用自注意力机制，激活函数设置为 Tanh 函数，神经元个数为 32 个。

（4）层数 3 是展平层，将多维特征向量转换成一维向量，大小为 1×40960000。

（5）层数 4 是随机失活层，为解决网络中过拟合问题和梯度消失问题，验证数据集划分比例设置为 0.5。

（6）层数 5 是全连接层，节点个数为 50 个。

（7）层数 6 为输出层，输出层含有 5 个节点，分别表示样本预测是攀爬、割锯、横推、剪切和背景噪声的可能性，预测类别是最有可能出现的类别。本章所提模型应用交叉熵损失函数，对比 Softmax 分类器输出预测结果的概率分布和目标类别概率分布的相似度，获取光纤振动信号类型识别的准确率。交叉熵损失函数可以克服传统的均方差损失函数权重更新缓慢的缺点，其基本原理为

$$C = -\frac{1}{n}\sum_{x}[y\ln a + (1-y)\ln(1-a)] \qquad (8.9)$$

式中，y 为期望输出值；a 为神经元实际输出值。

为使损失函数取值最小，本章所提模型优化器选择"Adam"，初始学习率设置为 0.001，利用回调函数减小学习率进行迭代训练，设置最小学习率为 0，并且当 3 个轮次没有变化时，以 0.1 乘以当前学习率更新学习率。批处理为 1，轮次设置为 70 个，设置利润为监控参数，当 lr 在 20 个轮次后不再发生变化时，提前终止模型训练。当验证数据集上的损失不再减小时，减小模型优化器的学习率，以改善训练效果。

8.3 试验与结果分析

8.2 节对基于 Self-AM-BiLSTM 的光纤振动信号分类识别算法进行了详细阐述，该算法针对光纤周界安防的多样本场景，可以有效解决准确性和实时性问题。该算法首先选择常用于时序信号训练的 BiLSTM 网络模型作为研究对象，通过 BiLSTM 网络模型对光纤振动信号进行特征提取，得到光纤振动信号的多尺度特征；然后引入自注意力机制对不同 BiLSTM 网络模型提取的特征权重进行优化，筛选、保留目标特征，消除冗余特征。为证明本章所提方法的有效性，本节对所提方法进行试验验证，信号识别试验工作流程如图 8.7 所示。

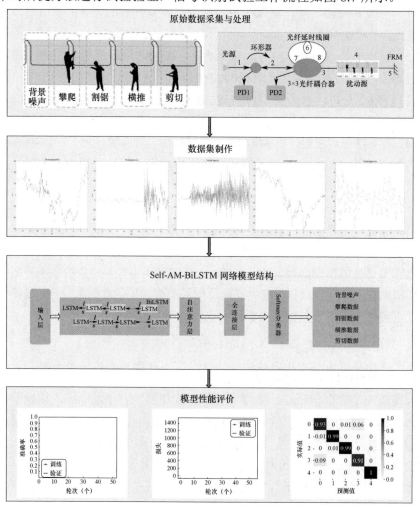

图 8.7　信号识别试验工作流程

8.3.1 试验环境和数据集

1. 软件平台

系统使用 TensorFlow 框架进行深度学习开发，TensorFlow 具有自动计算梯度、提供简单易懂的模型算法接口及良好的跨平台性能等优点，是深度学习开发的首选框架之一。在适当的软件环境下配置和运行 TensorFlow，可以高效地构建和训练各种深度学习模型，从而实现各种任务和应用。系统所涉及的软件环境参数配置信息如表 8.2 所示。

表 8.2 软件环境参数配置信息

配 置 项	具体配置信息	配 置 项	具体配置信息
编译语言	Python 3.9	GPU 开发库	CUDA 11.6
操作系统	Ubuntu 16.04	深度学习框架	TensorFlow 和 Keras
显卡驱动	NvidiaDrivers		

2. 硬件平台

使用循环神经网络处理海量数据时，需要强大的硬件设备作为支撑。GPU 是深度学习常用的硬件设备处理平台，可以与 CPU 相配合提高设备的整体性能。系统所涉及的硬件环境的主要参数配置信息如表 8.3 所示。

表 8.3 硬件环境的主要参数配置信息

配 置 项	具体配置信息
CPU	Intel(R) Xeon(R) Platinum 8358P CPU@2.60GHz
GPU	A100-SXM4-80GB
RAM	120GB
HDD	25GB

3. 数据集描述

为了试验验证本节提出系统的有效性，以光纤周界安防场景为例，通过前文搭建的全光纤传感系统采集模拟情景的数据，采样频率设为 10kHz，共采集五类光纤振动信号，分别为攀爬、剪切、割锯、横推四类扰动行为产生的光纤振动信号，以及背景噪声下的光纤传感振动信号，如图 8.8 所示。试验共采集了 2500 组试验数据作为样本，每类信号 500 个样本。其中，每类信号训练样本 400 个，共 2000 个；测试样本 100 个，共 500 个，如表 8.4 所示。四类光纤扰动行为产生的光纤振动信号及背景噪声的时域图如图 8.9 所示。

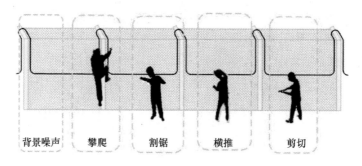

图 8.8 四类光缆扰动行为及背景噪声

表 8.4 多样本光纤传感振动数据集样本情况

类 型	攀 爬	剪 切	割 锯	横 推	背 景 噪 声
标签	0	1	2	3	4
训练集/个	400	400	400	400	400
测试集/个	100	100	100	100	100
总计/个	500	500	500	500	500

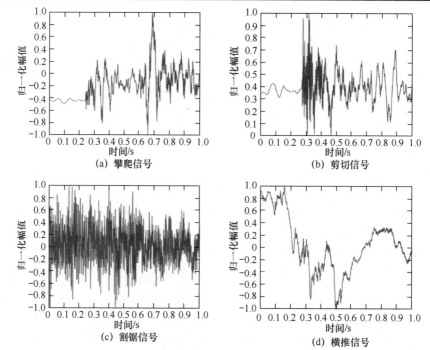

图 8.9 四类光纤振动信号及背景噪声的时域图

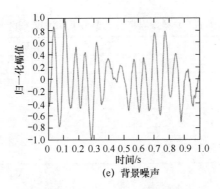

(e) 背景噪声

图 8.9   四类光纤振动信号及背景噪声的时域图（续）

8.3.2   试验结果分析

1. Self-AM-BiLSTM 网络模型最优超参数

1）BiLSTM 中隐藏层神经元

对于 Self-AM-BiLSTM 网络模型而言，BiLSTM 中隐藏层神经元超参数设置非常重要，其对网络模型性能有直接影响。为获取更优分类性能，对 Self-AM-BiLSTM 网络模型的超参数进行调整，并进行交叉试验验证，以分类准确率为其评估指标，获取网络模型的最优超参数。为了排除复杂的网络结构对网络模型执行效率的影响，将 Self-AM-BiLSTM 网络模型中全连接层参数设置为 50，如表 8.5 所示为 BiLSTM 中隐藏层神经元个数不同情况下的试验结果。从表 8.5 中可以看出，BiLSTM 中隐藏层神经元个数不同对于 Self-AM-BiLSTM 网络模型中光纤振动信号分类精度有不同的影响，增大 BiLSTM 中隐藏层神经元个数，可以得到较高的分类精度，即神经元个数与分类准确率成正相关。值得注意的是，隐藏层神经元个数达 2048 个以上，网络模型的计算量将有所增加，网络模型的运行时间随之延长，并且较易因模型复杂性增加而加重过拟合问题。另外，为了同时考虑分类性能和算法执行效率，本章设置隐藏层神经元个数为 2048 个来构建 Self-AM-BiLSTM 网络模型。图 8.10 是 BiLSTM 中隐藏层神经元个数不同情况下试验结果的混淆矩阵。由混淆矩阵可知，试验结果以标签 0 类和标签 3 类混淆现象为主，在 Self-AM-BiLSTM 网络模型中，光纤振动信号数据中标签 0 类受 BiLSTM 中隐藏层神经元个数的影响最为显著，提高 BiLSTM 中隐藏层神经元个数可以得到较高分类精度，也就是神经元个数和标签 0 类的分类准确率成正相关。另外，可以观察到当 BiLSTM 中隐藏层神经元个数为 1024 个和 2048 个时，五类光纤振动信号的分类准确率都在 90%以上。

表 8.5　BiLSTM 中隐藏层神经元个数不同情况下的分类准确率

神经元个数	训 练 轮 次					
	10 个	20 个	30 个	40 个	50 个	60 个
128 个	83.2%	88.8%	91.0%	91.4%	91.2%	91.2%
256 个	78.8%	89.8%	91.4%	93.2%	93.2%	93.2%
512 个	87.4%	93.4%	93.4%	94.4%	94.4%	94.4%
1024 个	72.2%	87.6%	94.0%	95.6%	95.6%	95.6%
2048 个	83.2%	95.0%	94.2%	96.4%	96.4%	96.4%

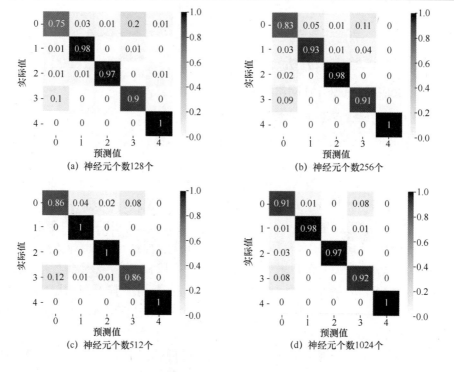

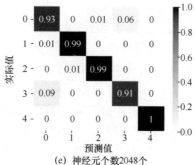

图 8.10　混淆矩阵

2）自注意力层神经元

除隐藏层的神经元外，自注意力层中神经元个数设置同样会影响 Self-AM-BiLSTM 网络模型的分类性能。为了得到自注意力层神经元最优超参数，选择采用自注意力层神经元个数设置不同的 Self-AM-BiLSTM 网络模型进行交叉试验验证，以分类准确率为其评估指标。表 8.6 为自注意力层神经元个数设置不同的 Self-AM-BiLSTM 网络模型的试验结果。由表 8.6 可见，自注意力层神经元个数设置不同会影响 Self-AM-BiLSTM 网络模型的分类性能。对自注意力层神经元个数设置不同的 Self-AM-BiLSTM 网络模型而言，基于相同试验条件，当自注意力层神经元个数设置为 32 个时，本节所提网络模型分类准确率达 96.4%，明显优于其他神经元个数设置，但是神经元个数设置较大时模型收敛速度更快。基于此，本章所提网络模型中设置隐藏层神经元个数为 2048 个，自注意力层神经元个数为 32 个。图 8.11 是在自注意力层神经元个数不同情况下构建的网络模型得到的光纤振动信号混淆矩阵。由混淆矩阵可知，标签 0 类和标签 3 类发生混淆现象最明显，在 Self-AM-BiLSTM 网络模型中，光纤振动信号中标签 0 类受自注意力层神经元个数影响最显著，增大自注意力层神经元个数，可以得到较高分类精度。当神经元个数为 4~32 个时，神经元个数与标签 0 类的分类准确率成正相关；但是，当神经元个数为 64 个时，分类准确率骤降 18%。可以观察到，仅当自注意力层神经元个数设置为 32 个时，五类光纤振动信号的分类准确率都在 90% 以上。

表 8.6　自注意力层神经元个数设置不同情况下的分类准确率

神经元个数	训　练　轮　次					
	10 个	20 个	30 个	40 个	50 个	60 个
4 个	76.5%	88.8%	91.5%	92.8%	92.8%	92.8%
8 个	79.6%	87.5%	92.9%	94.2%	94.2%	94.2%
16 个	80.0%	91.0%	95.4%	95.0%	95.0%	95.0%
32 个	83.2%	95.0%	94.2%	96.4%	96.4%	96.4%
64 个	88.9%	90.1%	91.4%	91.4%	91.4%	91.4%

3）自注意力层激活函数

自注意力层中除神经元个数以外，激活函数对 Self-AM-BiLSTM 网络模型的分类性能和识别效率同样有直接影响。为了在网络模型中寻找自注意力层的最优激活函数，使用不同的激活函数在试验数据集上进行应用试验，以分类准确率为评价指标。表 8.7 展示了在几种自注意力层激活函数下 Self-AM-BiLSTM 网络模型在光纤振动信号数据集上的分类性能。由表 8.7 可见，不同自注意力层激活函数对 Self-AM-BiLSTM 网络模型的分类准确率的影响不同。

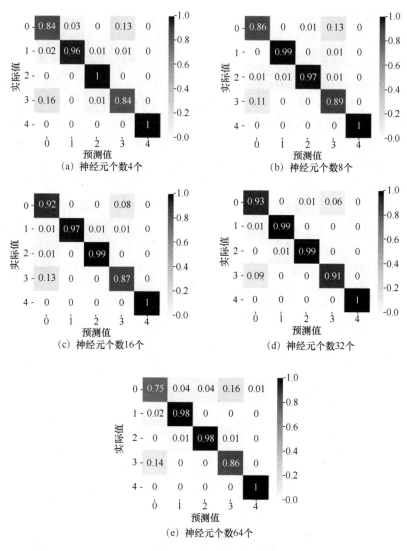

图 8.11　混淆矩阵

对于不同自注意力层激活函数的 Self-AM-BiLSTM 网络模型而言，在相同条件下试验，当自注意力层激活函数为 ReLU 函数时，网络模型在验证数据集上的分类准确率为 96.4%，明显优于在其他激活函数下的网络模型。另外，使用 ReLU 函数作为激活函数，网络模型在训练迭代过程中的收敛速度更快。因此，网络模型中超参数设置为：隐藏层神经元个数为 2048 个，自注意力层神经元个数为 32 个，自注意力层激活函数为 ReLU 函数，并以此构建光纤振动信号网络模型。图 8.12 是在不同自注意力层激活函数下构建的光纤振动信号网络模型的混淆矩阵。由混淆矩阵可知，标签 0 类和标签 3 类发生混淆现象最明显；当自注意力层的激活函数为 Tanh 函数和 ReLU 函数时，五类光纤振动信号的分类准确率都在 90% 以上。

表 8.7 几种自注意力层激活函数下的分类准确率

激活函数	训练轮次					
	10 个	20 个	30 个	40 个	50 个	60 个
Tanh 函数	90.1%	89.1%	94.8%	95.6%	95.6%	95.6%
ReLU 函数	83.2%	95.0%	94.2%	96.4%	96.4%	96.4%
Sigmoid 函数	88.9%	90.1%	91.4%	91.4%	91.4%	91.4%
ELU 函数	70.0%	89.9%	93.2%	94.4%	94.2%	94.2%

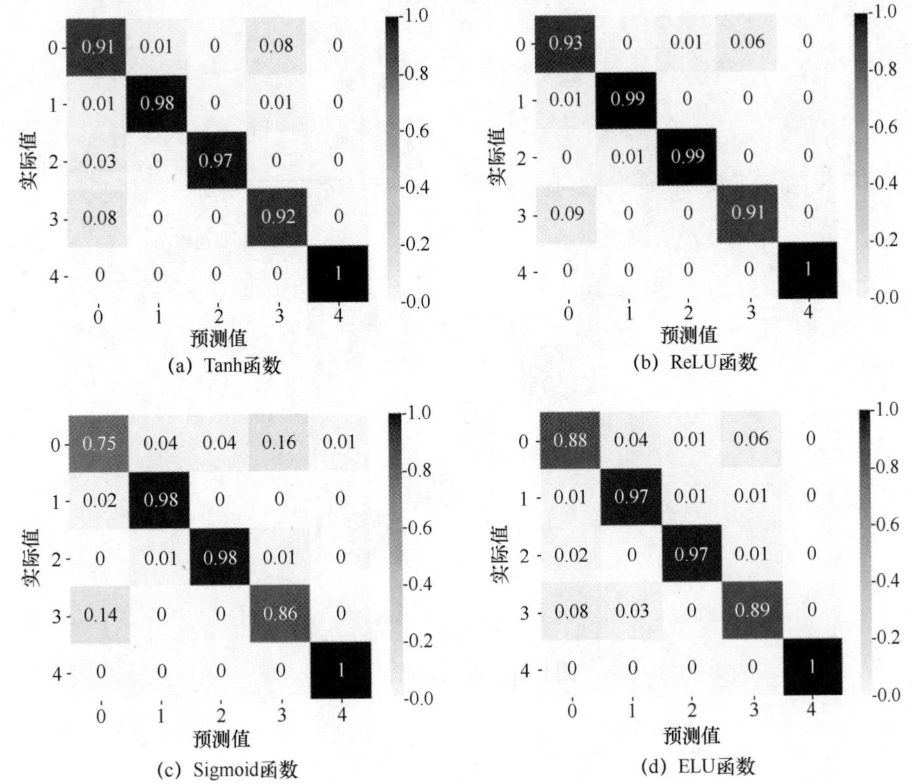

图 8.12 混淆矩阵

经过上述试验，选择将隐藏层神经元个数设置为 2048 个，将自注意力层神经元个数设置为 32 个，将自注意力层激活函数设置为 ReLU 激活函数，并以此为最优超参数构建 Self-AM-BiLSTM 光纤振动信号网络模型，将数据集送入网络模型后，训练验证得到的学习曲线、损失曲线和混淆矩阵如图 8.13 所示。学习曲线显示了训练数据集和验证数据集的准确率和损失在训练过程中的变化。由图 8.13 可知，随着迭代轮次的增加，验证数据集和训练数据集的准确率逐渐提高，损失逐渐减小。经过约 30 个轮次，Self-AM-BiLSTM 网络模型的学习曲线逐步收敛，准确率逐渐稳定。训练数据集的准确率接近 100%，验证数据集的准确率稳定至 96.4%；训练数据集的损失减小到 0.1 左右，验证数据集的损失减小到 41 左右。

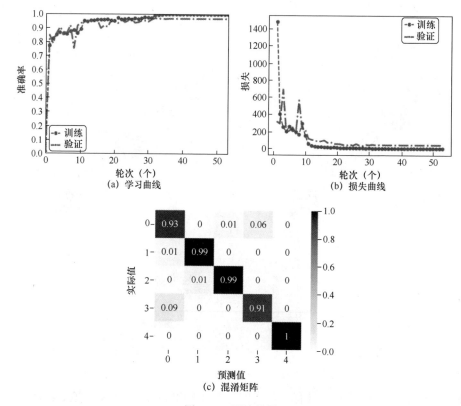

图 8.13　训练结果

2. Self-AM-BiLSTM 网络模型对比试验

为了验证 Self-AM-BiLSTM 网络模型的有效性，利用数据集进行对比试验，分别将原始数据输入 Self-AM-BiLSTM 网络模型、RNN 模型、CNN 模型、LSTM 模型、ALSTM 模型和 BiLSTM 模型进行对比。为了进行有效试验，其他模型使用与 Self-AM-BiLSTM 网络模型相同的训练数据集和验证数据集，并且设置初始学习率、轮次和批次大小与 Self-AM-BiLSTM 网络模型相同，但是 CNN 模型首先经过预处理将数据转换为语谱图。不同模型试验得到的分类识别结果如表 8.8 所示。由表 8.8 可知，ALSTM 模型、BiLSTM 模型、Self-AM-BiLSTM 网络模型的训练数据识别准确率大致相同，在经过 30 个轮次之后，训练数据集识别准确率都趋向 1。对于不同模型，在相同数据集下训练，Self-AM-BiLSTM 网络模型在验证数据集上的分类效果最优，准确率可以达到 96.40%；其次是 CNN 模型和 ALSTM 模型，准确率可以达到 94.4%；之后是 BiLSTM 模型和 LSTM 模型；相对于其他模型而言，RNN 模型的训练集分类识别效果较差。另外，可以发现，每种分类模型的训练数据集识别准确率及验证数据集识别准确率存在一定差异，并且存在一定过拟合现象。其中，LSTM 模型的差异最小，为 1.4%；其次是 Self-AM-BiLSTM 网络模型，差异为 3.5%；之后为 CNN 模型和 ALSTM 模型；BiLSTM 模型最差，差异为 7.3%。结合识别准确率，以及训练数据集和验证数据集差异进行比较，可以得出 Self-AM-BiLSTM 网络模型的识别准确性能最优。

表 8.8　不同模型训练结果和验证结果

模　　型	训练轮次（训练数据集识别准确率/验证数据集识别准确率）					
	10 个	20 个	30 个	40 个	50 个	60 个
RNN	47.1%/50.0%	50.8%/53.2%	50.8%/53.6%	50.8%/53.6%	50.8%/52.6%	51.6%/53.8%
CNN	74.6%/82.6%	89.9%/93.4%	88.3%/94.4%	98.0%/92.5%	96.9%/94.4%	97.3%/94.4%
LSTM	82.6%/81.8%	90.7%/90.0%	92.1%/90.8%	93.3%/91.8%	93.5%/91.8%	93.2%/91.8%
ALSTM	87.0%/86.0%	99.8%/94.4%	99.7%/94.4%	99.6%/94.4%	99.7%/94.4%	99.8%/94.4%
BiLSTM	88.0%/86.4%	99.7%/92.2%	99.9%/92.3%	99.6%/92.3%	99.7%/92.2%	99.7%/92.4%
Self-AM-BiLSTM	85.9%/83.2%	94.8%/95.0%	97.4%/94.2%	99.6%/96.4%	99.7%/96.4%	99.9%/96.4%

图 8.14 为六种模型在训练数据集和验证数据集上所得的学习曲线和损失曲线。在不同模型分类识别试验中，从图 8.14（a）和 8.14（b）可以看出，除了 RNN 模型，所有模型都具有非常高的分类识别准确率，CNN 模型、LSTM 模型、ALSTM 模型、BiLSTM 模型、Self-AM-BiLSTM 网络模型在验证数据集上都有很好的表现，在第 1～30 个轮次所有模型的学习曲线都由剧烈波动趋于收敛，其中，BiLSTM 模型在验证数据集上的曲线波动最剧烈，而 Self-AM-BiLSTM 网络模型学习曲线的收敛过程相对缓和。图 8.14（c）和 8.14（d）显示了模型在训练数据集和验证数据集上相应的损失曲线。经过大约 30 个轮次，所有模型在训练数据集上的损失收敛。对于在验证数据集上损失，CNN 模型、LSTM 模型、BiLSTM 模型稳定收敛，而 ALSTM 模型和 Self-AM-BiLSTM 网络模型波

动相对剧烈，但是均在 30 个轮次后趋于稳定。另外，可以发现所有模型在训练数据集上的损失都收敛到趋于 0。在验证数据集上，CNN 模型、LSTM 模型、ALSTM 模型的损失趋于 0，但 BiLSTM 模型、Self-AM-BiLSTM 网络模型的损失趋于一个较大值。

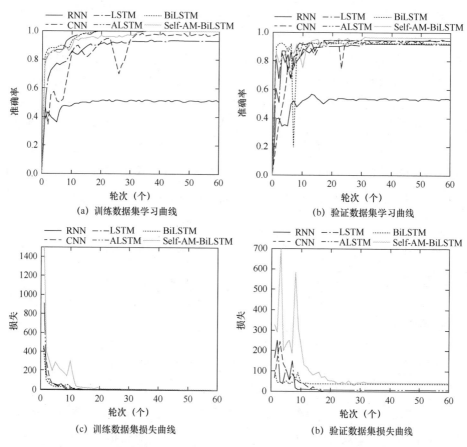

图 8.14 不同模型在训练数据集和验证数据集上的学习曲线和损失曲线

图 8.15 为不同光纤振动信号网络模型的混淆矩阵。由混淆矩阵可知，除 RNN 模型外的五种模型在标签 0 类、标签 3 类出现混淆的情况最突出。另外，可以观察到，只有 Self-AM-BiLSTM 网络模型对五类光纤振动信号的分类识别准确率均超过 90%。根据图 8.15 可以估计和比较六种模型的性能指标 Precision、Recall、F1-Score 和 Accuracy，如表 8.9 所示。由表 8.9 可知，Self-AM-BiLSTM 网络模型的 Accuracy 高达 96.4%，CNN 模型、ALSTM 模型和 BiLSTM 模型的 Accuracy 分别为 94.4%、94.4%和 92.4%。

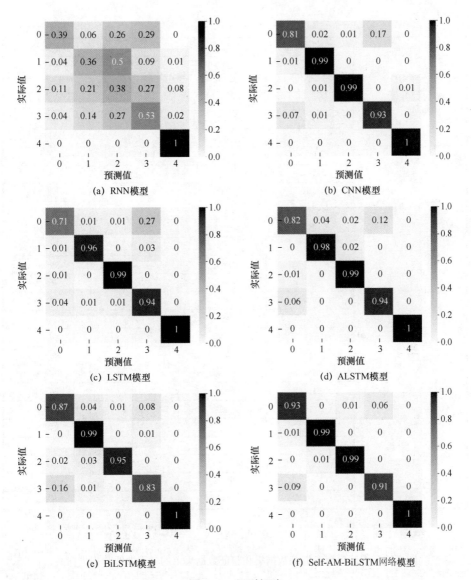

图 8.15　混淆矩阵

表 8.9　不同分类识别模型的评估指标结果

模　　型	类别标签	Precision	Recall	F1-Score
RNN 模型 Accuracy=53.8%	0%	67.2%	39%	49.4%
	1%	46.8%	36%	40.7%
	2%	26.9%	38%	31.5%
	3%	44.9%	53%	48.6%
	4%	94.3%	100%	97%

（续表）

模　　型	类别标签	Precision	Recall	F1-Score
CNN 模型 Accuracy=94.4%	0%	91%	80.1%	85.2%
	1%	96.1%	99%	97.5%
	2%	99%	98%	98.5%
	3%	93%	92%	92.5%
	4%	99%	100%	99.5%
LSTM 模型 Accuracy=91.8%	0%	92.2%	71%	80.2%
	1%	97.9%	96%	96.9%
	2%	98%	99%	98.5%
	3%	75.8%	94%	83.9%
	4%	100%	100%	100%
ALSTM 模型 Accuracy=94.4%	0%	92.1%	82%	86.8%
	1%	96%	98%	99.2%
	2%	96%	99%	96.9%
	3%	88.7%	94%	91.3%
	4%	100%	100%	100%
BiLSTM Accuracy=92.4%	0%	82.9%	87%	84.9%
	1%	92.5%	99%	95.6%
	2%	98.9%	95%	97.1%
	3%	90.2%	83%	86.5%
	4%	100%	100%	100%
Self-AM-BiLSTM 网络模型 Accuracy=96.4%	0%	90.3%	93%	91.6%
	1%	99%	99%	99%
	2%	99%	99%	99%
	3%	93.8%	91%	92.4%
	4%	100%	100%	100%

　　根据图 8.15 和表 8.9 可知，基于 Self-AM-BiLSTM 网络模型的光纤振动信号分类识别性能优于其他模型。特别是，所有模型对于背景噪声的识别准确率都能达到 100%，这说明背景噪声与其他几类光纤振动信号相比，特征最为明显。图 8.16 为不同模型的评估指标结果柱状图，从图 8.16 中可以更明显地对比性能指标 Precision、Recall、F1-Score。与 ALSTM 模型、BiLSTM 模型相比，Self-AM-BiLSTM 网络模型的性能在各个标签类的 Precision、Recall、F1-Score 方面都有一定的提升。这表明本节所提出的结合了自注意力机制的 BiLSTM 模型提供了更高的分类识别能力。与其他模型相比，Self-AM-BiLSTM 网络模型可以有效地提取高辨识度的特征，并以更高的分类识别精度进行光纤振动信号的分类识别。

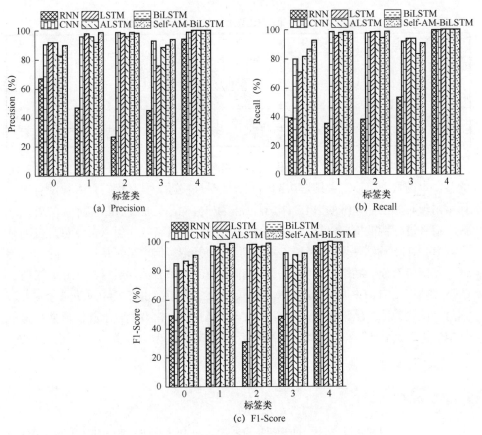

图 8.16 不同模型的评估指标结果柱状图

3. Self-AM-BiLSTM 网络模型运算时间对比

将 Self-AM-BiLSTM 网络模型在训练数据集和验证数据集上的运算时间与其他模型进行对比,统计试验的运算时间,其中,试验均在同一个硬件平台上进行,结果如表 8.10 所示。由表 8.10 可知,所有模型的单个样本的运算时间都在 1s 以内。CNN 模型的运算时间最短,为 336ms;其次是 LSTM 模型、ALSTM 模型、BiLSTM 模型;Self-AM-BiLSTM 网络模型的单个样本运算时间为 771ms,比 CNN 模型的运算时间长 435ms,比 LSTM 模型的运算时间长不到 100ms。另外,可以发现与 LSTM 模型相比,Self-AM-BiLSTM 网络模型由于复杂度增加,模型训练时间相应增加,两者相差 185s;但是,在实际应用中,模型提前训练,两个模型的单个样本运算时间相差不到 100ms。总体而言,Self-AM-BiLSTM 网络模型的复杂度增加,分类识别性能较高,因此相比较而言 Self-AM-BiLSTM 网络模型增加的时间成本可以忽略不计。

表 8.10　模型运算时间统计

统 计 项 目	统 计 信 息					
分类模型	RNN	CNN	LSTM	ALSTM	BiLSTM	Self-AM-BiLSTM
计算平台/方式	GPU+ TensorFlow/Keras+Python					
验证集样本数目	500 个=5×100 个					
模型训练时间	1842s	672s	1357s	1413s	1480s	1542s
单个样本运算时间	921ms	336ms	678ms	706ms	740ms	771ms

　　基于 Self-AM-BiLSTM 网络模型的光纤振动信号分类识别针对光纤周界安防的多样本场景，可以有效地解决准确性和实时性问题。具体而言，本算法首先选择常用于时序信号训练的 BiLSTM 算法作为研究对象，通过 BiLSTM 算法对光纤振动信号进行特征提取，得到光纤振动信号的多尺度特征；引入自注意力机制对不同 BiLSTM 算法提取的特征权重进行优化，筛选、保留目标特征，消除冗余特征。在试验部分，利用交叉验证试验获取模型最优超参数，然后与 RNN 模型、CNN 模型、LSTM 模型、BiLSTM 模型、ALSTM 模型进行光纤振动信号分类识别对比试验。试验结果表明，Self-AM-BiLSTM 网络模型相较于其他模型具有更优的分类识别效果，平均分类识别准确率达到 96.4%，单个样本运算时间为 0.77s。

参 考 文 献

[1] T. Alpay. Learning Multiple Timescales in Recurrent Neural Networks[J]. Artificial Neural Networks and Machine Learning–ICANN 2016, 2016, 9886: 132-139.

[2] W. Ming. Φ-OTDR pattern recognition based on CNN-LSTM[J]. Optik, 2023, 272: 1-12.

[3] 帕丽旦·木合塔尔，买买提阿依甫，杨文忠，吾守尔·斯拉木. 基于 BiRNN 的维吾尔语情感韵律短语注意力模型[J]. 电子科技大学学报，2019，48（01）：88-95.

[4] 闫啸家，梁伟阁，张钢. 基于 RCNN-ABiLSTM 的机械设备剩余寿命预测方法[J]. 系统工程与电子技术，2023，45（3）：931-940.

[5] 张毅，黎小松，罗元，吴承军. 基于人耳听觉特性的语音识别预处理研究[J]. 计算机仿真，2015，32（12）：322-326.

[6] 杨磊，赵红东. 基于注意力模型的卷积循环神经网络城市声音识别[J]. 科学技术与工程，2020，20（33）：13757-13761.

[7] 胡怡然，夏芳. 基于自注意力机制与 BiLSTM 的短文本匹配模型[J]. 武汉科技大学学报，2023，46（1）：75-80.

[8] S. Qian, H. Liu, C. Liu, et al. Adaptive Activation Functions in Convolutional Neural Networks[J]. Neurocomputing, 2017: S0925231217311980.